BLUE BACKS

アメリカ流 7歳からの行列

**目で見てわかる!**

ドナルド・コーエン  
新井紀子 著

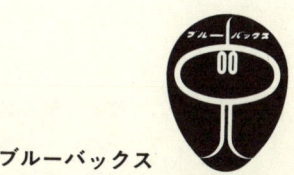

ブルーバックス

# CHANGING SHAPES WITH MATRICES

**by Don Cohen**

© 1995  Donald Cohen (original English version)

© 2001  Donald Cohen and Noriko Arai (Japanese version)

装幀／芦澤泰偉事務所
カバー・本文イラスト／つきみ
目次・章扉／佐藤曉子

## 献辞

　この本の出版にあたって，すでに亡くなっているロバート・デービス博士にお礼を言いたいと思います。大学で授業をとったものの，恥ずかしながら，私には行列の意味がわかっていませんでした。1960年ごろ，デービス博士の「子どもと先生のための算数教室」に参加し，「行列でお買いもの」の方法を学んで，初めて行列に興味がわき，理解することができたのです。

　もうひとつ，私が大いに影響されたもの，それはダーシー・トンプソンの本『On Growth and Form（成長と形）』です。第15章の魚の変形の図はケンブリッジ大学出版の好意により，『成長と形』より転載させていただきました。

　そして，セオドア・グレイ。第8章を見ていただければ，11歳だった彼の才能の一端を理解して頂けると思います。18年後，あるコンピュータ会社の重役となったセオドアは，この本の付録2の図版を作るためにMathematicaのプログラムを書いてくれました。彼の協力に感謝します。また，この本に参加してくれた子どもたち，そして親御さんたちにも心から感謝したいと思います。

　そして，誰よりも48年間私を励まし，支えてくれた妻マリリンに心からの感謝を捧げたいと思います。　　　　ドン・コーエン

　この本はコーエン氏の著書'Changing Shapes with Matrices'と新井が1997年より4年間行ってきた広島市立大学での「数学演習1」での学生とのやりとりを元に，2人の合作として書き下ろしたものです。日本語訳は新井が併せて担当しました。この本のために不思議な挿絵を描いてくれた，つきみさん，本当にどうもありがとう。そして，私たち2人を励まし，見守ってくれた編集者の篠木和久さんと小沢久さんに心よりお礼を申し上げます。

　　　　　　　　　　　　　　　　　　　　　　新井 紀子

# 目次

**1** この本をどうやって読むか 8

**2** グラフを描こう！ 12

**3** いろいろな関数 20

**4** 行列をつかってお買いもの 31

**5** 図形を変形してみよう 39

**6** 犬はどんな大きさになったか 48

**7** もっといろいろな問題を解いてみよう 62

**8** セオドアの自由研究 81

**9** 特別な働きをする行列 89

**10** ぺしゃんこにしてしまう行列たち 99

**11** 逆行列をみつけよう 106

## 12 どんなとき犬は元にもどらないか 113

## 13 ぐるぐるまわれ！ 116

## 14 平行に移動させるには 127

## 15 行列が作る不思議な世界 132

## 16 もっと難しいグラフの変換をしてみよう 148

## 17 ピタゴラスもビックリ!? 154

## 18 もう一度お買いもの 159

## 19 これは最後の章ではないのです 169

**付録1** 174

**付録2** 179

# 1 この本を どうやって読むか

　『アメリカ流7歳からの微分積分』がブルーバックスから出版されてから今まで、たくさんの読者からメッセージや感想を寄せていただきました。「とてもおもしろかった」「微分積分、今までは大嫌いだったけど、おもしろさがわかった」「孫と一緒にやりました」。そんなメッセージに混じって、「ちっともわからなかった。7歳からなんて、うそばっかり」という抗議もありました。

　私は、たまたま、「読んだけど、ちっともわからなかった」という方とお話しする機会があったので、思いきってたずねてみました。

「どんな風に本を読んだのですか?」

「私はずいぶん努力をしたんですよ。本当。通勤のバッグに入れてね。ええ。通勤時間が1時間あるんですよ。それがいちばんの読書時間ですから。その貴重な時間を割いて、頑張って読んだのに、ちっともわかりゃしない」

「電車で、座って?」

## 第1章　この本をどうやって読むか

「まさか！　座れっこないじゃないですか。こうやって，身を細くしてね。片手で持って，そうして読むんです」

「じゃあ，鉛筆は持てないでしょうね」

「そりゃそうですよ」

「式の変形や計算なんかはどうやって確かめたんです？」

「だって，あなた本を出すんだから，何度も計算は確かめたんでしょ？　だから，それは信じることにしてとにかく字のところを読んだんです」

　ああ！　それじゃちっとも楽しくなかったことでしょう。お気の毒に。たとえ私自身がこの本を手にとっても，鉛筆と紙がなければ，ちっとも楽しくないし，ちんぷんかんぷんだっただろうと思います。

　お願いがあります。それは，今の世の中ではひどく図々しいお願いかもしれません。ぜひ，この本は机かテーブルかりんご箱の前に座って，読んでほしいのです。そして，手元には鉛筆と消しゴムとチラシ広告の裏でもいいから白い紙を必ず用意してください。できたら，グラフ用紙と物差しもあったらうれしいです。

　この本は読み物ではありません。実践のための本です。『楽しいログハウスの作り方』を読んだだけで，目の前にログハウスができ上がらないのと同じように，算数も読んだだけではわからないのです。それにログハウスを作る中で，一番おもしろいのは，ログハウスの作り方の本を読むところじゃなくて，実際に金づちで打ったり，カンナをかけたりするところでしょ？　算数もそうなんです。おもしろいのは問題を「自分で解く」ところで，人が問題を解いた話を「聞く」ところじゃないんです（もしそういう話が好きな

ら，偉人伝を読んだ方がずっとおもしろいでしょうから）。

そして，（これはオプショナルなお願いですけど）ぜひこの本を一緒に読んでくれる人を探してください。もしあなたがお母さんなら，お子さんと一緒に。もしあなたが学校の先生なら，生徒と一緒に。もしあなたが社長さんなら，秘書と一緒に。もしあなたがこの間の「線形代数Ⅰ」の期末テストで落第点をとって落ち込んでいる学生さんなら，一緒に落第点をとったクラスメートと。もしあなたが入院中なら，主治医の先生と一緒に。

さて，机の上にこの本と，鉛筆と紙，グラフ用紙と物差しがそろいましたか？　この本を読み始めると，すぐに式に行き当たるでしょう。そうしたら，必ず紙に書いてみます。グラフに描いてみます。表にしてみます。とにかく問題は解いてみます。ひとつの解き方が見つかったら，必ず別の解き方を考えてみます。いえいえ，そんな個性的な，あっと言わせる解き方じゃなくていいんです。ちょっと変えてみるくらいでも。

もしあなたが中学校をもう卒業していたなら，あなたはこの本を読むのにいちばん危険な年頃かもしれません。なぜって，「ああ，そんなこと知ってる」って思うくらい，何もかもをつまらなくしてしまうことはないからなんです。手品だってタネがわからないからドキドキするんですものね。それに答えを知っている人は，つい「飛ばして」読みたくなっちゃうんです。けれど，ちょっと待って。どうして，あなたはタネを知っていたはずなのに，手品師にはなれなかったんだと思います？　きっと手品は「どこにハトを隠したか」がわかったらそれでおしまいではないからな

んです。隠すときにハトが暴れないように工夫したり，ハトがつぶれないように気をつけたり，ハトを出すときにスマートに見えるようにするにはどうするか研究したり，そんなすべてが手品を作り出しているのと同じように，数学も答えがすべてではないんです。だから，どうぞ一度は私の言ったようにやってみて。

　行列は高校数学の中でも特に人気のない単元のひとつです。きっと「行列？　習ったけど何の役にも立たなかった」と感じている方が圧倒的でしょう。なぜそんなに人気がないか。それは目でみてわかることができなかったからだと私は思います。もしも，行列のイメージがわいたら，きっとあなたは行列をもっとよく理解できるようになります。この本はそのために書かれた本です。

　では，Enjoy!

# 2

# グラフを描こう！

　まず $x+y=7$, この式のグラフを描いてみましょう。つまり, 2つの数をじょうずに選んで, たしたらちょうど7になるようにしたいわけです。もし $x$ に1, $y$ に6を選べば, たすと $1+6=7$, ちょうど7になりました。うまくいったら, 表2-1に書き込んでいきます。

| x | y |
|---|---|
| 1 | 6 |
| 5 | 2 |
| 7 | 0 |

**表 2-1**

　次に表をもとにグラフを描きます。グラフ用紙に太めの線でまず真横にまっすぐ線を描きます（図2-1）。これが $x$ の数を表す線です。それから, こんどは縦にまっすぐ線を描きます（図2-2）。これは $y$ の数を表す線です。

第2章 グラフを描こう！

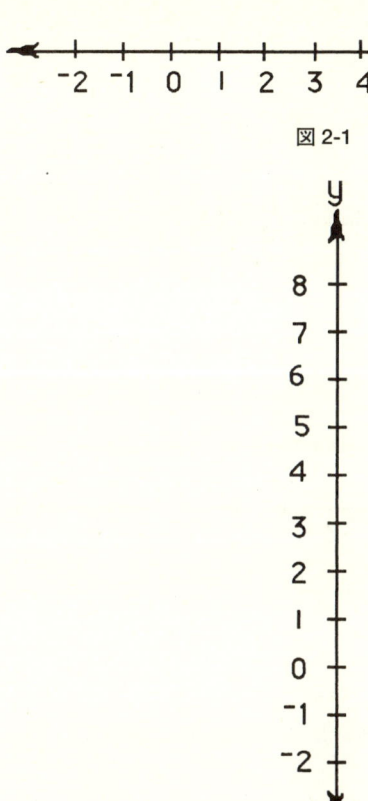

図 2-1

図 2-2

グラフ用紙には横と縦にたくさんの線が入っています。横の線は $x$ の値を，縦の線は $y$ の値を表しています。そして，さっき描き込んだ横の太い線を $x$ 軸，縦の太い線を $y$ 軸とよぶことにします。$x$ 軸と $y$ 軸が出会う点では $x$ も $y$ も値は

**図 2-3**

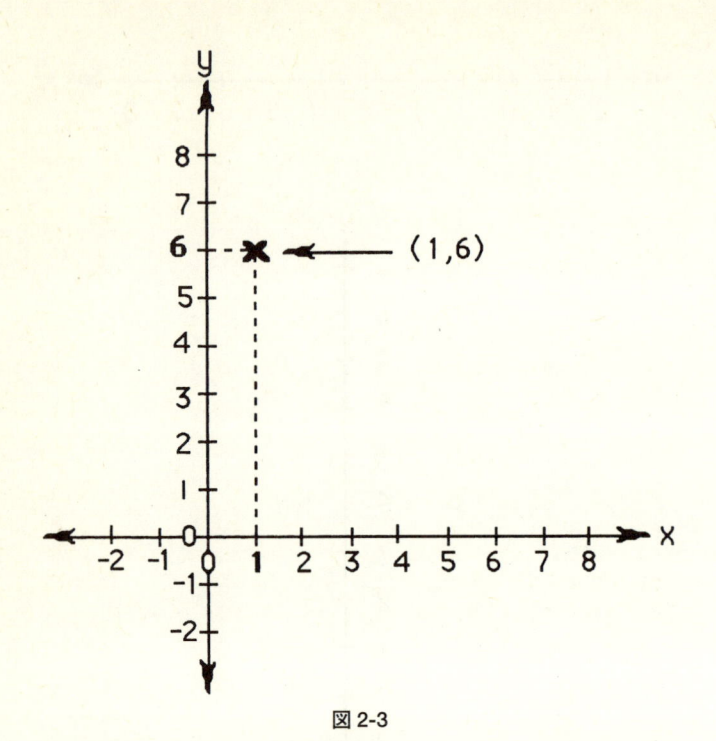

0,と考えて,この点を原点とよび,(0,0) で表すことにします。

こうしてできあがった平面の上に,これからグラフを描いていきます。この平面は哲学者で科学者でもあるデカルトにちなんで,デカルト平面(座標平面)とよばれています。表2-1に書き込んだ $x$ と $y$ の組が座標上の点に対応します。たとえば,(1,6) という組は (1,6) の点,つまり $x$ 軸の1のところを6目盛りだけ上にあがった点,で表します(図2-3)。

第2章　グラフを描こう！

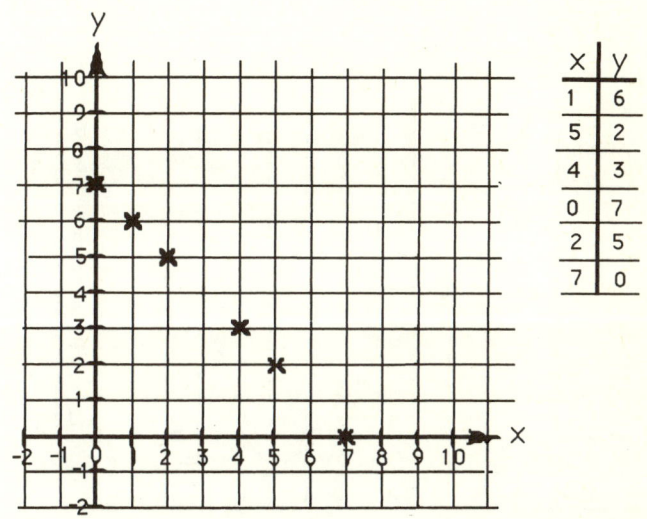

図 2-4

デカルト平面は $x$ 軸と $y$ 軸によって4つに分けられています。右上から時計と反対回りに第1象限, 第2象限, 第3象限, 第4象限, とよばれています。まあ, 名前は覚えなくてもいいですから, $x$ と $y$ の符号が場所ごとにどうなっているかだけ, 気にしておきましょう。

表に書かれたのはちょうど7になる数の組でした。これをグラフに描き写すと図2-4のようになります。よく見てみましょう。点は行儀よく直線上にならんでいて, バラバラに散らばってはいませんね。

子どもにこの課題をさせると, たいてい $x$ 軸や $y$ 軸にぶつ

$$x + y = 7$$

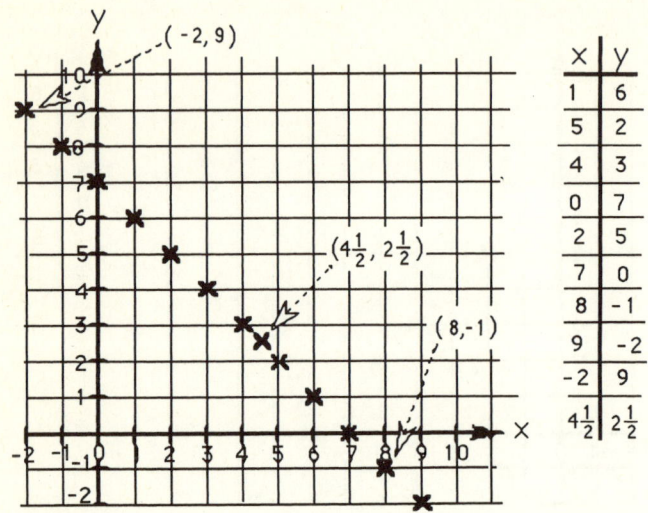

図 2-5

かったところでやめてしまいます。私は少し言葉をそえて，この直線を第2象限や，第4象限に拡張するように誘導するようにしています。たとえば，$x$ に8を入れて，しかも今までたどってきたまっすぐの線の上を行こうとすれば，$y$ の値は $x$ 軸を乗り越えて1目盛り下に落っこちなければならなくなるでしょう。この値を「負の1」とか「マイナス1」とよび，$-1$ と表します。そして，$8+(-1)=7$ になるのです。

さて，次に目盛りと目盛りの間ではどうなるかを考えてみます。$4\frac{1}{2}$ と $2\frac{1}{2}$ もたすと7になりますね。こうして，子どもにもわかりやすいように分数を導入していきます（図2-5）。

第2章 グラフを描こう！

$2 \times x + 3 = y$

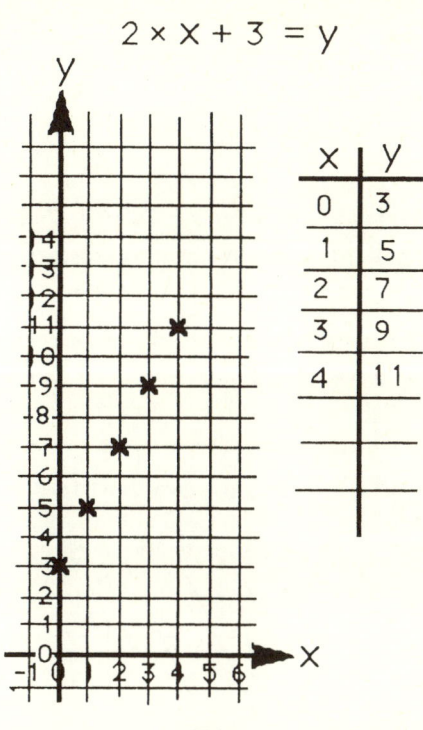

図 2-6

グラフ用紙の用意はいいですか？

1. $x + y = 8$ のグラフを描いてみましょう。図 2-5 のグラフと比べてどんな違いがありますか？
2. $x - y = 2$ のグラフはどうですか？
3. $x \times y = 12$ のグラフを描いてみましょう。
4. $\frac{x}{y} = 2$ のグラフを描いてみましょう。
5. $2 \times x + 3 = y$ のグラフはどんな形になりますか？

5.の問題を考えてみます。まず，表に $2 \times x + 3 = y$ が成り立つような $x$ と $y$ の組を書き込んでいきます。それから，その2つの数の組が表す点を座標に移していきましょう。パターンは見つかったかな？（図2-6）グラフの中に現れるいろいろなパターンも探し出してみましょう。

式ごとに違う色をつかって，ひとつのグラフ用紙の上にグラフを描いてみましょう。式ごとに色を決めて。その色で式も表も，グラフも描くんですよ。そうすれば，間違えません。$2 \times x + 3 = y$ が書けたら，別の色を選んで $2 \times x + 5 = y$，$2 \times x - 1 = y$ をやってみましょう。ここまで上手にできたら，今度は一般化してみるとおもしろいですよ。$2 \times x + t = y$ というグラフは $t$ の値が変わるにつれて，どう変化するでしょう。変化にパターンはあるかな？（図2-7）

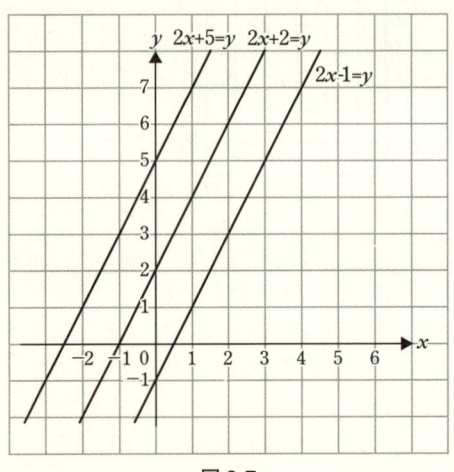

図 2-7

第2章 グラフを描こう！

次に，$s \times x = y$ のグラフを描いてみましょう。$s \times x = y$ は $s$ の値が変わるにつれて，どう変化するでしょう（図2-8）。

$s \times x + t = y$ になったらどうでしょう。グラフを見て何か気がつくことはありませんか？ $s$ や $t$ はグラフのどの部分に隠れているか，探してみましょう。

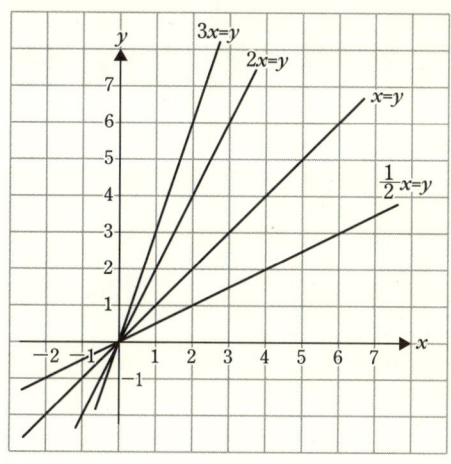

図 2-8

# 3

# いろいろな関数

「ものを変える法則」のことを関数といいます。たとえば，「2をかけてから，3をたす」っていうのは数字を別の数字に変える法則ですね。これは，

$$2x + 3 = y$$

と式で表すこともできます。＝の左側に出てくる文字，この場合は$x$ですが，そこに数を代入すると，右側の文字$y$の値がひとつに決まります。この法則に5を入れると，13が出てくるし，1を入れれば，5が出てきます。

2章で$x+y=7$という式をグラフで表しました（図3-1）。
見方を変えると，このグラフは$x$の値を決めると，$y$がひとつ出てくる法則だと考えることができます。$x=3$にすると，$y$は4に決まります。$x=-2$にすると，今度は$y$は9になります。さっきのように，＝の左側に出てくる文字に数字を入れて，右側の文字の値を決める，というように書

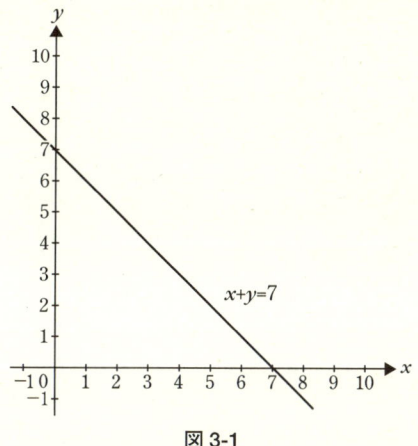

図 3-1

きたいなら、この式を変形して、

$$x + y = 7$$
$$x = 7 - y \quad \text{(両辺から } y \text{ をひく)}$$
$$x - 7 = -y \quad \text{(両辺から 7 をひく)}$$
$$(-1) \times (x - 7) = y \quad \text{(両辺に } -1 \text{ をかける)}$$
$$-x + 7 = y$$

「2つの数をたす」というのも法則だから、関数です。2つの数をたして答えを出す、を式で表すと、$x + y = z$ と書くことができます。$2x + 3 = y$ では＝の左側には文字はひとつしか出てきません。でも、$x + y = z$ では＝の左側に文字が2つ出てきますね。

$x$ をつかって $y$ を出すものだけを関数とよぶわけではありません。世の中には関数で説明できることがたくさんあり

ます。電話がそう。ある番号を押すと田舎のおばあちゃんに通じるし、別の番号を押すと友だちに通じる。自動販売機もそうですね。お金を入れて、ボタンを押すとコーラが出て、別のボタンを押すとジュースが出てくるでしょう。

　ここに一人の魔術師がいます。彼が呪文を唱えれば、どんなものでも思い通りに変えてしまうことができるんです。たとえば、「アブラカダブラ」と言えば、女の子を緑のカエルに、「チチンプイプイ」と言えば、猫をうさぎに変えてしまうこともできるのですよ。このとき、「アブラカダブラ」は魔術師が女の子を緑のカエルに変える法則ですから、関数です。

　ここでストップ。みんなも身の回りにある関数を見つけてみよう。

## 第3章 いろいろな関数

さて、さっきの魔術師の話の続きをもう少ししましょう。この魔術師の呪文はちょっと変わっていて、「アブラカダブラ」を逆さから言うと、こんどは緑のカエルを女の子に変えられるのです。もし、ここに緑のカエルに変えられちゃった女の子がいたとします。その女の子を元通りにするにはどうすればいいかな？ そう。「ラブダカラブア」って言えばいいんだよね。このようにちょうど逆のことをする関数のことを逆関数、と言います。つまり、「アブラカダブラ」の逆関数は「ラブダカラブア」で、「チチンプイプイ」の逆関数は「イプイプンチチ」だというわけ。さて、「2をかけてから3をたす」の逆関数は何でしょう？

「2をかけて、3をたす」を式で書いたら、$2x+3=y$ です。この法則に従って「$x$ をつかって $y$ を出した」のだから、逆にするということは、この $y$ をつかって、今度は $x$ を出せたらいいんだけど。では、式を変形して $y$ が＝の左側に、$x$ が＝の右側にくるようにしてみましょうか。

$$2x+3=y$$
$$y=2x+3$$
$$y-3=2x$$
$$\frac{y-3}{2}=x$$

（両辺を入れ換える）
（両辺から3をひく）
（両辺を2でわる）

つまり、「($y$ から) 3をひいて、2でわる」が逆ということになります。このとき、$2x+3=y$ の逆関数は $\frac{x-3}{2}=y$ である、と言います。「2をかけて3をたしたものから、3をひいて2でわったら」元に戻るかどうか確かめてみましょう。

$$\frac{(2\times x+3)-3}{2}=\frac{2\times x}{2}$$
$$=x$$

ちゃんと元に戻りましたね。では、ここで問題。「5からひいてから、$\frac{2}{3}$をかける」の逆関数はなんでしょう。では、もうひとつ聞きますよ。

どんな関数にも逆はあるでしょうか？

あなたはどう思いますか？

ここでストップ。次に進む前に考えてみよう。いろいろ問題を考えて、友だちと逆関数のあてっこをしてみましょう。

「5からひいてから、$\frac{2}{3}$をかける」を式に直すと $(5-x)\times\frac{2}{3}=y$ になります。これを変形すると、

$$(5-x)\times\frac{2}{3}=y \quad \text{(両辺を入れ換える)}$$
$$y=(5-x)\times\frac{2}{3} \quad \text{(両辺に}\frac{3}{2}\text{をかける)}$$
$$y\times\frac{3}{2}=5-x \quad \text{(両辺から5をひく)}$$
$$\frac{3}{2}y-5=-x \quad \text{(両辺に}-1\text{をかける)}$$
$$-1\times(\frac{3}{2}y-5)=x$$
$$-\frac{3}{2}y+5=x$$

になります。つまり、$(5-x) \times \frac{2}{3} = y$ の逆関数は $-\frac{3}{2}x+5 = y$ になる、というわけです。この2つの関数をグラフにしたのが図3-2です。なにか気がついたことはありますか？

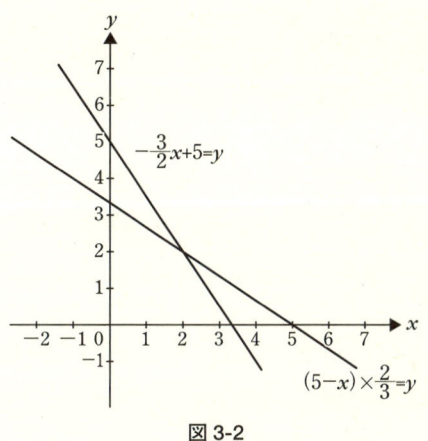

図 3-2

　関数とその逆関数のグラフは形がよく似ていますよ。グラフ用紙を縦横引っくり返してみましょう。ちょうど逆関数のグラフになるでしょう。$x = y$ のグラフを描き入れてみます。

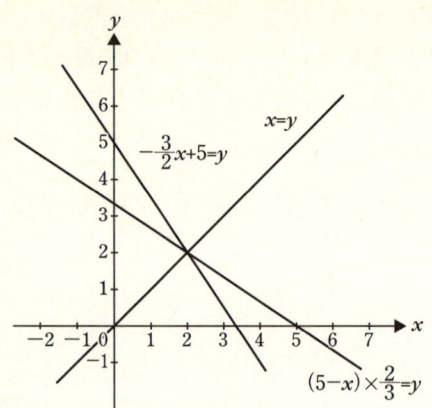

**図 3-3**

このグラフを中心に折り返したら、2つの関数はぴったり重なりましたね（図 3-3）。$x=y$ という関数の意味を考えてみましょう。$x$ を使って $x$ を出すのですから、これは「何もしない」という関数です。$x=y$ の逆関数は $x=y$ それ自身になります。

$x \times x = y$ はどうでしょう。$x \times x$ は $x^2$ と書くことができます。まず、$x^2 = y$ が成り立つような数の組みをなるべくたくさん集めて表にしてみましょう（表 3-1）。

| $x$ | ... | $-3$ | $-2$ | $-1$ | $-0.5$ | 0 | 0.5 | 1 | 2 | 3 | ... |
|---|---|---|---|---|---|---|---|---|---|---|---|
| $y$ | ... | 9 | 4 | 1 | 0.25 | 0 | 0.25 | 1 | 4 | 9 | ... |

**表 3-1**

第3章 いろいろな関数

これをグラフにすることができますか？

図3-4を見てください。今まで出てきたグラフとはずいぶん違った形になりましたね。どんなところが違うか，ノートに書き出してみましょう。

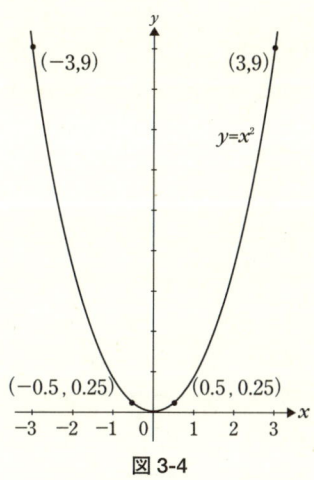

**図 3-4**

- グラフが曲がっている。
- グラフは第3象限や第4象限は通らない。
- $y$はいつも正の値になる。
- $x$が$-3$のときと，$3$のときでは，$y$の値は同じになる。$-2$と$2$のとき，$-1$と$1$のとき，$-0.5$と$0.5$のときも同様。

他に気がつくことはありませんか？ $y$軸で折り畳んだら，ぴったり重なる，なんていうのはどうかな？ 気がつきましたか？

では，$x^2 = y$の逆関数はなんでしょう？
　まず，$x^2 = y$の逆があったとして，それに4を入れたら，どんな数が出るか，考えてみましょう。$y$のところに4が入ります。このとき，$x$は何になるでしょうか？　2?　それとも，–2?　$y$のところに9を入れたときはどうなるでしょうか。$x$は何に決めたいですか？　3?　それとも–3?　3と–3を同時に2つとも答えとして選ぶことはできませんよ。

　さっきの魔術師の話にもう一度戻ります。実は彼には究極の呪文があります。それは「テクマクマヤコン」という呪文で，この呪文を唱えると，どんなものでもネズミに変えることができるのです。さて，この呪文でネズミに変えられた男の子と女の子をそれぞれ元の姿に戻すにはどうしたらいいでしょう？　「ンコヤマクマクテ」と言ってみたらどうかって？　「ンコヤマクマクテ」がもし，ネズミを女の子に変える呪文だったら，もともと男の子だったネズミは女の子に変わっちゃうよ。さあ，困りました。
「テクマクマヤコン」には，逆は存在しないのです。
　関数についても同じことが言えます。AとBという別のものを関数に入れたのに，どちらの場合も答えがCになってしまうなら，この関数の逆関数は作りようがありません。
　でも，少し違った風に考えれば，$x^2 = y$の逆を作ることができます。$x$にはマイナスの記号はつかない，と最初から決めてしまうのです。このとき，$x^2 = y$のグラフの右半分だけが残ります。
　これならば，$y$に9が入ったときは，$x$の値を3に，$y$に4が入ったときは，$x$の値を2に決めることができるでしょう。

このグラフを $x=y$ を中心に折り返してできるグラフを点線で書き込んでみます（図 3-5）。

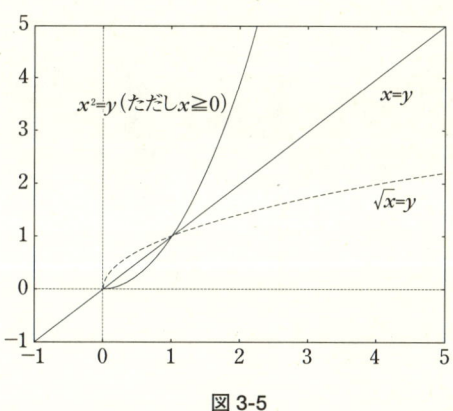

図 3-5

これが，$x^2=y$（ただし，$x \geq 0$）の逆関数のグラフになるはずですね。この関数を $\sqrt{x}=y$ と書いて，ルート $x$ とよぶことにしましょう。

この記号をつかうと，$\sqrt{0}=0, \sqrt{0.25}=0.5, \sqrt{1}=1, \sqrt{4}=2, \sqrt{9}=3$ と表せますね。

2章でグラフに描いたのは，「2をかけてから，3をたす」のようにひとつの数を入れて，ひとつの数が出てくる関数でしたね。「2つの数をたし合わす」のように，2つの数をつかってひとつの数を出すような関数のグラフを描くには，どうしたらいいでしょう。この関数は，「$x+y=z$」と書くことができます。デカルト平面には $x$ と $y$ しかありません。デカルト平面から，$x$ と $y$ と直角に交わるように第3の線を描いて，それを $z$ と名付けましょう。描けない，って？

グラフ用紙からあなたに向かってくるように線をひくんです。空気の中をね。イメージでいうと絵のようになります。

そこに $x+y=z$ を描き入れてみると、こんな形になるでしょう（図3-6）。$x+y=z$ の逆関数は何でしょう？　もし逆関数がないとしたら、それはなぜでしょうか？

では $x-y=z$ のグラフを想像してみよう。

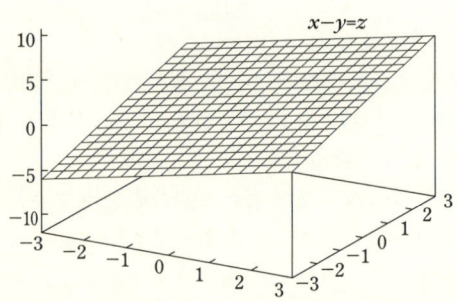

図3-6　$x-y=z$ のグラフ

# 第4章 行列をつかってお買いもの

# 4

# 行列をつかって
# お買いもの

　お店やさんごっこをしましょう。お金をもって，品物を全部で3つ買ってくるんですよ。あなたなら何を，いくつ買いますか？　それぞれひとつずつの値段はいくらでしたか？　全部合わせたらいくらでしたか？　9歳のジャスティン君と16歳のホイットニーちゃんが，この問題を一緒に解いてくれました。ジャスティンはマスタード（マ），ホットドッグ用のソーセージ（ソ）とコッペパン（パ）を買うことにしました。まずマスタードを2本，それからソーセージを8つ，最後にパンを10個。マスタードは1本80セントでした。ソーセージはひとつ30セントで，パンは1個12セントでした。では，全部でジャスティンはいくら払ったでしょう。どうやってそれを計算したかも教えてくださいね。

　私たちはこの買いものを，行列をつかって表してみることにしました。行列とは横と縦に数字が行儀よく長方形に並んでいるようすをいいます。算数のノートのように横に並んでいる数を「行」といいます。国語のノートのように

縦に並んでいる数を「列」といいます。ジャスティン君の買いものを行列で表すと下のようになります。

$$\begin{array}{c} \text{マ ソ パ} \\ (\ 2\quad 8\quad 10\ ) \end{array} \times \begin{pmatrix} 80 \\ 30 \\ 12 \end{pmatrix}$$

行で何をいくつ買ったかを，列ではそれぞれの単価がいくらだったかを表しています。そして，行と列を「かける」とは，行の一番左端の数を列の一番上の数とかけ，次に左から2番目の数を上から2番目の数とかけ……，と順々にかけていって，それぞれの計算で得られた数を最後に全部たし合わせることだと約束しましょう。ジャスティン君の問題では，

$$\begin{array}{c} \text{マ ソ パ} \\ (\ \underrightarrow{2\quad 8\quad 10}\ ) \end{array} \times \begin{pmatrix} 80 \\ 30 \\ 12 \end{pmatrix}\!\!\downarrow$$

$= (2 \times 80 + 8 \times 30 + 10 \times 12) = (520)$（答え）

答えは横1縦1の行列で表すことができ，520セントになります。ここではこれをそのままにしておき，ドルに直す必要はありません。この章の目的は小数ではなく行列ですから，なるべくシンプルにいきましょう。少し話を発展させます。今計算した買いものは月曜日の分だった，としましょう。そして，火曜日にはマスタードを5本，ソーセージを7本，パンを9つ買ったとします。火曜日にはいくら使ったでしょうか。これもさっきと同じように行列で表せるでしょうか。月曜日の分と一度に全部よくわかるように表すにはどうしたらよいでしょう？

月曜日と火曜日の買いものを行列で一度に表すとこんな

第4章 行列をつかってお買いもの

ふうになります。

$$\begin{matrix}月曜日\\火曜日\end{matrix}\begin{pmatrix} 2 & 8 & 10 \\ 5 & 7 & 9 \end{pmatrix} \times \begin{pmatrix} 80 \\ 30 \\ 12 \end{pmatrix}$$

$$= \begin{pmatrix} ここは何でしょう？ \\ ここは何でしょう？ \end{pmatrix}$$

月曜日の買いものはさっきと変わりません。火曜日の分を計算するときも月曜日と同じようにします。今度も火曜日の行の一番左の数と値段を表した列の一番上の数をかけ，真ん中の数を上から2番目の数とかけ，一番右の数と一番下の数をかけて，得られた3つの数をたし合わせます。答えは火曜日の行に書きこむようにします。火曜日の買いものは，

$$5 \times 80 + 7 \times 30 + 9 \times 12 = 718 (セント)$$

になります。これで答えがわかりました。

$$\begin{matrix}月曜日\\火曜日\end{matrix}\begin{pmatrix} 2 & 8 & 10 \\ 5 & 7 & 9 \end{pmatrix} \times \begin{pmatrix} 80 \\ 30 \\ 12 \end{pmatrix} = \begin{pmatrix} 520 \\ 718 \end{pmatrix}$$

次のかけ算をしてみましょう。

$$\begin{pmatrix} 6 & 2 & 9 \\ 3 & 7 & 5 \end{pmatrix} \times \begin{pmatrix} 4 \\ 8 \\ 6 \end{pmatrix} = \begin{pmatrix} ここは何でしょう？ \\ ここは何でしょう？ \end{pmatrix}$$

これはどうかな？

$$\begin{pmatrix} 7 & 3 & 10 \end{pmatrix} \times \begin{pmatrix} 1 & 4 \\ 2 & 9 \\ 3 & 8 \end{pmatrix} =$$

この答えは何行何列になるでしょうか。そして答えは？

まず，最初の行列を左から，2番目の行列を上からかけていくのはさっきと同じです。ただし，2番目の行列には列がふたつあるのがさっきと違っているところです。まずは最初の行列と，2番目の行列の左側の列をかけていきます。得られた数字を答えの行列の第1行第1列のところに書き込みます。$7 \times 1 + 3 \times 2 + 10 \times 3 = 43$ ですから，

$$\left( \begin{array}{ccc} 7 & 3 & 10 \end{array} \right) \times \left( \begin{array}{cc} 1 & 4 \\ 2 & 9 \\ 3 & 8 \end{array} \right) = \left( \begin{array}{cc} 43 & \end{array} \right)$$

となります。次に最初の行列と，2番目の行列の右側の列をかけましょう。得られた数字を答えの行列の第1行第2列に書き込みます。$7 \times 4 + 3 \times 9 + 10 \times 8 = 135$ ですから，

$$\left( \begin{array}{ccc} 7 & 3 & 10 \end{array} \right) \times \left( \begin{array}{cc} 1 & 4 \\ 2 & 9 \\ 3 & 8 \end{array} \right) = \left( \begin{array}{cc} 43 & 135 \end{array} \right)$$

になりました。次の問題をやってみましょう。

$$\left( \begin{array}{ccc} 6 & 8 & 7 \end{array} \right) \times \left( \begin{array}{cc} 3 & 1 \\ 5 & 9 \\ 2 & 10 \end{array} \right)$$

$$= \left( \begin{array}{cc} \text{ここは何でしょう？} & \text{ここは何でしょう？} \end{array} \right)$$

次の問題はどうなるかな？

$$\left( \begin{array}{ccc} 7 & 3 & 10 \end{array} \right) \times \left( \begin{array}{cc} 3 & 1 \\ 5 & 9 \end{array} \right) =$$

これはうまくかけられない。最初の行列の行の長さと，2

第 4 章　行列をつかってお買いもの

番目の行列の列の長さが合っていません。

　今度は 2 行 2 列の行列 (2×2 行列といいます) どうしをかけてみましょう。答えには 4 つの数字が現れるはずですね。

$$\begin{pmatrix} 2 & 4 \\ 9 & 8 \end{pmatrix} \times \begin{pmatrix} 3 & 5 \\ 6 & 7 \end{pmatrix} = \begin{pmatrix} ? & ? \\ ? & ? \end{pmatrix}$$

まずは自分でやってみよう。

$$\begin{pmatrix} 2 & 4 \\ 9 & 8 \end{pmatrix} \times \begin{pmatrix} 3 & 5 \\ 6 & 7 \end{pmatrix}$$

$$= \begin{pmatrix} 2\times 3 + 4\times 6 & 2\times 5 + 4\times 7 \\ 9\times 3 + 8\times 6 & 9\times 5 + 8\times 7 \end{pmatrix} = \begin{pmatrix} 30 & 38 \\ 75 & 101 \end{pmatrix}$$

次のかけ算をやってみて。

$$\begin{pmatrix} 4 & 6 \\ 7 & 9 \end{pmatrix} \times \begin{pmatrix} 2 & 10 \\ 8 & 4 \end{pmatrix} = \begin{pmatrix} ? & ? \\ ? & ? \end{pmatrix}$$

ここまでやってきたことを振り返って，2×2 行列どうしのかけ算にどのような法則があるか，わかりますか？　文字をつかって，あなたが見つけた法則を表してみましょう。

$$\begin{pmatrix} A & B \\ C & D \end{pmatrix} \times \begin{pmatrix} E & F \\ G & H \end{pmatrix} = \begin{pmatrix} ? & ? \\ ? & ? \end{pmatrix}$$

ふつうの数どうしのかけ算は順番を入れ換えても，どこから先に計算しても同じ答えがでますよね。行列のかけ算もそうかな？　確かめてみましょうね。最初の行列と 2 番目の行列を入れ換えてかけ算をしてみます。

$$\begin{pmatrix} E & F \\ G & H \end{pmatrix} \times \begin{pmatrix} A & B \\ C & D \end{pmatrix} = \begin{pmatrix} ? & ? \\ ? & ? \end{pmatrix}$$

答えは同じだったかな？　それとも違ったでしょうか。順番を入れ換えて計算しても，答えが同じことを難しい言葉では「可換(かかん)」といいます。普通の数どうしのかけ算やたし算は，順番を変えても答えは変わらないから可換ですね。行列のかけ算は可換だったかな？　たとえば，次のかけ算はどうでしょう。順番を変えても答えは同じかな？

$$\begin{pmatrix} 1 & 2 \\ 3 & 4 \end{pmatrix} \times \begin{pmatrix} 1 & 1 \\ 0 & 1 \end{pmatrix} \stackrel{?}{=} \begin{pmatrix} 1 & 1 \\ 0 & 1 \end{pmatrix} \times \begin{pmatrix} 1 & 2 \\ 3 & 4 \end{pmatrix}$$

ここで，もっと行列の代数的性質に関する問題へと発展させることもできます。たとえば，行列の演算について「結合法則」が成り立つかどうか，「単位元」や「ゼロ元」が存在するか，それはどのような行列か，等々。でも，この本ではまず，行列によって形がどのように変化するかということを題材に，行列を目で見て学ぶことに重点を置きたいと思います。そうやって学ぶことから，先に述べた「代数的な」問題の答えもおいおい明らかになることでしょう。

2章と3章でグラフに描いたのは，ひとつ，あるいは2つの数をつかって，ひとつの数を出すような関数でした。

ここでつかう行列のかけ算は，次のようなタイプの関数です。

第4章 行列をつかってお買いもの

$$\begin{pmatrix} 3 & 7 \end{pmatrix} \times \begin{pmatrix} 2 & 6 \\ 8 & 4 \end{pmatrix} = \begin{pmatrix} 62 & 46 \end{pmatrix}$$

文字をつかってこの計算を一般化してみよう。

$$\begin{pmatrix} X & Y \end{pmatrix} \times \begin{pmatrix} A & B \\ C & D \end{pmatrix} = \begin{pmatrix} AX+CY & BX+DY \end{pmatrix}$$

$\begin{pmatrix} X & Y \end{pmatrix}$ は座標平面上の点 $(X,Y)$ を表しています。たとえば座標平面上に図が描いてあったとすると，$(X,Y)$ はその図の中の1点を表している，と考えてもかまいません。これを古い $X$，古い $Y$ とよぶことにしましょう。これに行列をかけてやると，新しい2つの数，$(AX+CY)$ と $(BX+DY)$ が生まれます。これをそれぞれ新 $X$，新 $Y$ とよびましょう。古い $X,Y$ と新 $X,Y$ との間には，次のような関係が成り立っていることになります。

$$新 X = A \times 古い X + C \times 古い Y \qquad (式4.1)$$
$$新 Y = B \times 古い X + D \times 古い Y \qquad (式4.2)$$

この法則を，「点(古い $X$, 古い $Y$)を入れると，新しい点(新 $X$, 新 $Y$)が出てくる」，と考えれば，これは関数になります。ただし，2章や3章でやったようにグラフではうまく表すことはできません。なぜなら，この法則をつかうと，新 $X$，新 $Y$ の2つの数ができてしまうからです。では，どうやればこの法則を目で見てわかるように表すことができるでしょうか。

(式4.1) と (式4.2) を，座標上の点を別の点に移す法則と考えてみるのはどうでしょう。古い $X$ と古い $Y$ からなる点は

座標平面に描かれた図の中にありました。新 $X$ と新 $Y$ からできる点 $(AX+CY, BX+DY)$ を集めてくると、これは新しい図形になるでしょう。行列 $\begin{pmatrix} A & B \\ C & D \end{pmatrix}$ をかけることによって、グラフ用紙の上を点が移動したのです。だったら、この法則は「図形の変化」として「見る」ことができるのではないかしら。次の章から、そのことをもっと詳しく調べていきましょう。

# 5 図形を変形してみよう

ヴァロリーちゃんと一緒に行列をつかってこんな問題をやってみました。

図形の変形をする方法
1. グラフ用紙に絵を描こう（ちなみに私が選んだのは犬の絵。なるべく直線に囲まれて角が少ない，シンプルな絵がおすすめ）。
2. 絵の上にある点を10個ほど選ぶ。
3. 選んだ点の座標を記録しておく。
4. 選んだ点に区別がつくよう，番号をふっておく。
5. $2 \times 2$ 行列をひとつ選ぶ。最初は $0, 1, -1$ ばかりでできた行列を選ぶことにしよう。ちなみに，ヴァロリーが選んだ行列は，

$$\begin{pmatrix} 1 & -1 \\ 0 & 1 \end{pmatrix}$$

でした。

6. 選んだ点をこの行列で移してみよう。変形のしかたは前の章の最後に書いてあるよ。
7. 変形した後にできた「新しい点」をグラフ用紙の中に書き込んでいこう。このとき，色の違うペンをつかうとわかりやすいよ。どの点を動かしてできた点かわかるように，4. でつけた番号を写しておこう。
8. 新しい点どうしをつないでみよう。元の絵と同じ順番で点をつなごうね。
9. 絵が完成したら，それをよく観察してみよう。元の絵とどう違うかな？ この行列は元の絵をどんなふうに変化させたか言葉で表現してみよう。

点線で囲んだ絵は，一応スコッチテリア犬のつもりです（図 5-1）。

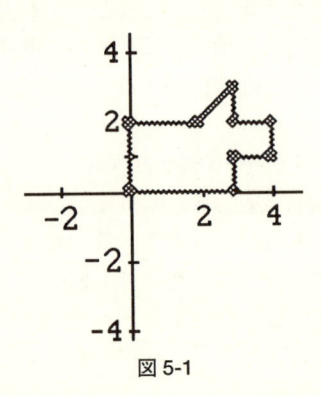

図 5-1

さて，目印になる点の座標は原点から時計と反対回りにそれぞれ $(0,0), (3,0), (3,1), (4,1), (4,2), (3,2), (3,3), (2,2), (0,2)$

第5章 図形を変形してみよう

です。それぞれの点に (1) 〜 (9) まで番号をふっていきます (図5-2)。これが元の絵の上にある,「古い点」になります。行列をつかって,古い点を新しい点に移すのでしたね。新しい点は丸つきの番号で示し,それを太線でつないで,犬がどうなったか観察してみます(ヴァロリーはこの作業をするのに2色の色鉛筆をつかいました)。

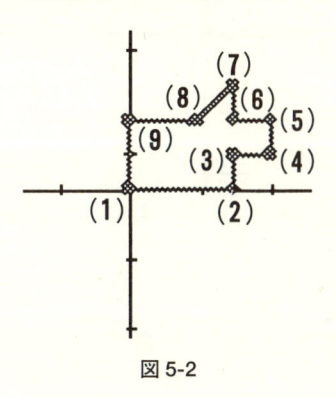

**図 5-2**

さて,ヴァロリーが選んだ行列は,

$$\begin{pmatrix} 1 & -1 \\ 0 & 1 \end{pmatrix}$$

でしたから,この行列で(1)の点(0,0)を移すとこうなります。

$$\begin{pmatrix} 0 & 0 \end{pmatrix} \times \begin{pmatrix} 1 & -1 \\ 0 & 1 \end{pmatrix} = \begin{pmatrix} 0 & 0 \end{pmatrix}$$

(0,0)の点に移ったことがわかります。

これを①で表します (図 5-3)。同じように (2) の点も移してみます。

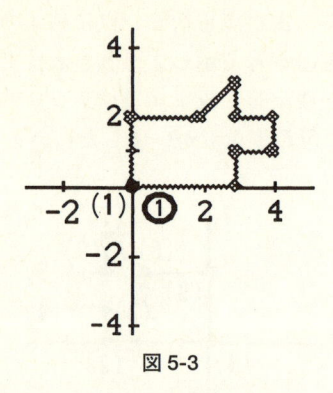

図 5-3

$$( \ 3 \ \ 0 \ ) \times \begin{pmatrix} 1 & -1 \\ 0 & 1 \end{pmatrix} = ( \ 3 \ \ -3 \ )$$

この点に②という名前をつけ，座標に書き込み，①と②の間を太線でつなぎました (図 5-4)。(3) の点も同じように移してみます。

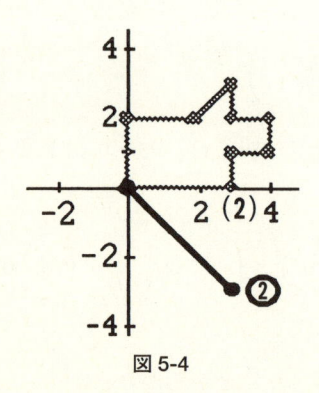

図 5-4

第 5 章　図形を変形してみよう

$$( 3 \quad 1 ) \times \begin{pmatrix} 1 & -1 \\ 0 & 1 \end{pmatrix} = ( 3 \quad -2 )$$

　この点には③という名前をつけ，座標に書き込み，今度は②と③の間を太線でつなぎます（図 5-5）。同じようにして，④から⑨までの点を座標に書き込んでゆきます（図 5-6 ～ 5-11）。

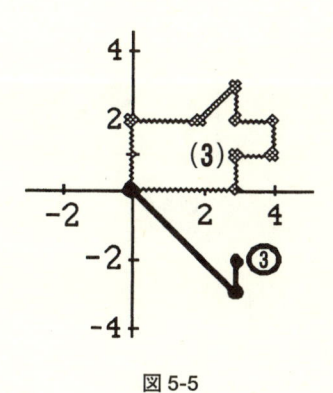

図 5-5

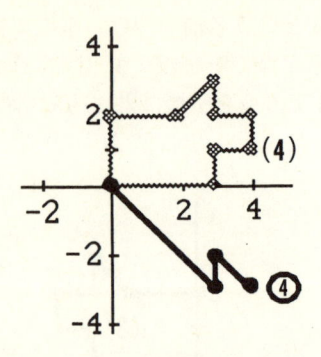

$$( 4 \quad 1 ) \times \begin{pmatrix} 1 & -1 \\ 0 & 1 \end{pmatrix} = ( 4 \quad -3 )$$

図 5-6

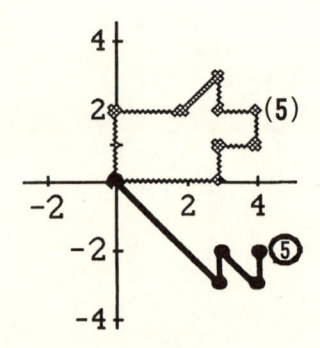

$$( 4 \quad 2 ) \times \begin{pmatrix} 1 & -1 \\ 0 & 1 \end{pmatrix} = ( 4 \quad -2 )$$

図 5-7

第5章　図形を変形してみよう

$$( 3 \quad 2 ) \times \begin{pmatrix} 1 & -1 \\ 0 & 1 \end{pmatrix} = ( 3 \quad -1 )$$

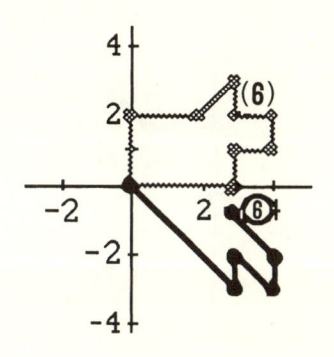

図 5-8

$$( 3 \quad 3 ) \times \begin{pmatrix} 1 & -1 \\ 0 & 1 \end{pmatrix} = ( 3 \quad 0 )$$

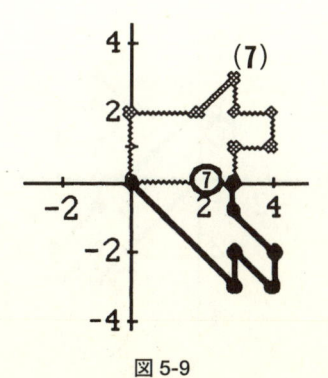

図 5-9

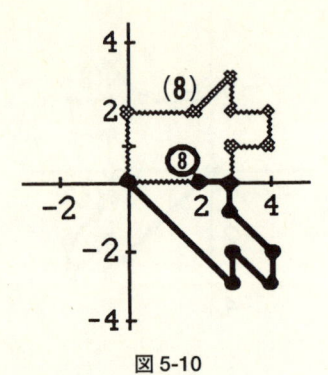

$$( \begin{array}{cc} 2 & 2 \end{array} ) \times \left( \begin{array}{cc} 1 & -1 \\ 0 & 1 \end{array} \right) = ( \begin{array}{cc} 2 & 0 \end{array} )$$

図 5-10

$$( \begin{array}{cc} 0 & 2 \end{array} ) \times \left( \begin{array}{cc} 1 & -1 \\ 0 & 1 \end{array} \right) = ( \begin{array}{cc} 0 & 2 \end{array} )$$

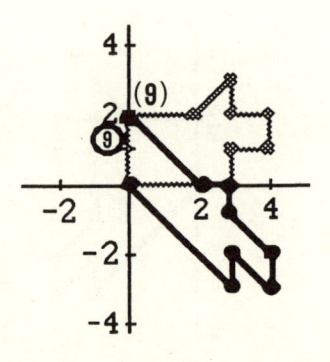

図 5-11

第5章　図形を変形してみよう

　最後の点⑨と最初の点①をつなげば，絵が完成します（図5-12）。犬はどんな形になったかな？　ヴァロリーはこの絵

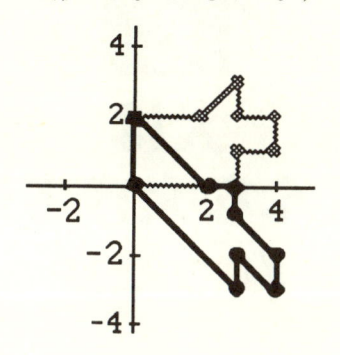

**図 5-12**

を「犬の影みたい」と言いました。犬の背中やお腹の部分にあたる横にまっすぐの線は「影の犬」ではどうなったでしょう。口やおしりのところの縦にまっすぐな線はどうなりましたか。元の犬の体の中でちょうど同じ長さの線を探してみましょう。移した後，長さはそれぞれどうなりましたか。元の犬の体の大きさ（面積）と新しくできた犬の体の大きさを比べてみてください。変化はあったかな？

　さて，ここでもうひとつ課題を出すよ。
「影の犬」を元の犬に戻すような行列を見つけることができますか？

　ここでストップ。とりあえず，ひとつ行列を選んで，「影の犬」を移してみよう。元の犬に重なるようにするにはどうしたらいいかな？　いろいろ試してパターンを探してみよう。自分で問題を作ってみてもいいね。

# 6

# 犬は
# どんな大きさに
# なったか

　5章でヴァロリーが最初に変形した犬の絵を見てみましょう。まるで影のようですね。影は犬より大きいんでしょうか？　それとも小さいんでしょうか？　ジオボードをつかって大きさを比べてみましょう。

　ジオボードは是非おすすめしたい教育支援ツールで，楽しみながら図形の勉強ができます。ジオボードはどの子にも人気があります。家庭で作るのもごく簡単です。まず厚さ12mmの板を25cm×25cmに切ります。ひとつの目の大きさが4cm×4cmになるように5×5の碁盤模様を油性ペンで書き込みます。そして碁盤の交点にそれぞれ釘を打っていきます。釘は15mmくらいの長さのものがよいでしょう。抜けにくいようにしっかり打ち込みます。これで，ジオボード[1]のでき上がりです（写真6-1）。いろいろな長さの輪ゴムを用意します。カラーゴムならなおさら結構。輪ゴムを釘

---

[1] ジオボードでけがをしないように，勉強した後の管理はしっかり行ってください。

第6章　犬はどんな大きさになったか

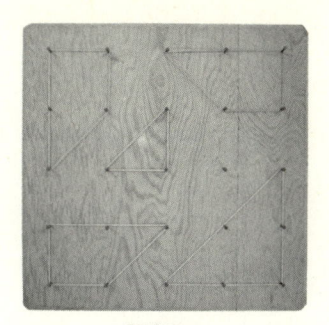

**写真 6-1**

にひっかけて図形を作り、その面積を求めます。

9歳のていこちゃんにジオボードをやってもらいました。まずはこんな簡単な図形から始めます（図6-1）。

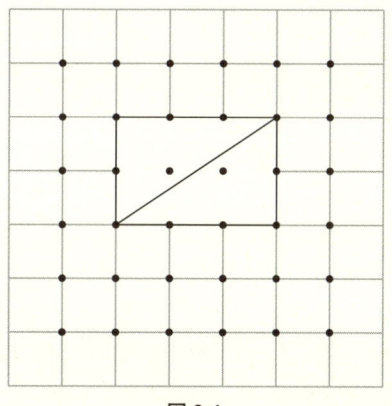

**図 6-1**

碁盤のマス目ひとつが面積1ですよ。だから、長方形の面積は6になります。ていこはこれを「横3マスが2つあるから」といって、3×2＝6と計算しました。それを斜め半分に

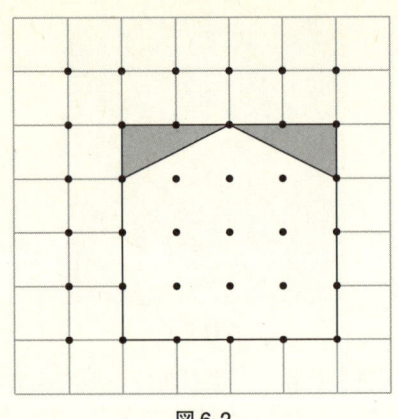

**図 6-2**

切ると直角三角形になります。この三角形の面積は $6\div2=3$ で、3 になります。では、こんな図形はどうかな？（図 6-2）

もうひとつ輪ゴムを取り出して、家の周りを囲ったらどうでしょう？ これなら正方形ですから面積は簡単に求められます。それから多過ぎる分（グレーの部分）の面積をひき算してみましょう。

$$4\times4-\frac{1}{2}\times2-\frac{1}{2}\times2=16-1-1$$
$$=14$$

この方法で彼女はもっと複雑な図形の面積も求めることができました（図 6-3）。

では、ヴァロリーの行列 $\begin{pmatrix}1 & -1 \\ 0 & 1\end{pmatrix}$ をつかったときにできる犬の影の面積はいくつかな？ まず変形される前の犬（点線）の面積は $7+\frac{1}{2}\times1=7.5$ ですね（図 5-12 参照）。

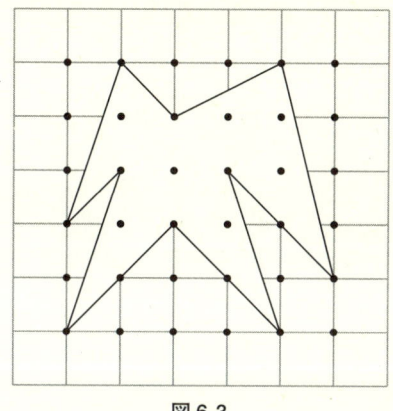

第6章 犬はどんな大きさになったか

図6-3

では, 影 (実線) の面積はどうなったでしょう? ていこはこんな風に影の周りに輪ゴムをはりました (図6-4)。

そして, 次のように計算をしました。

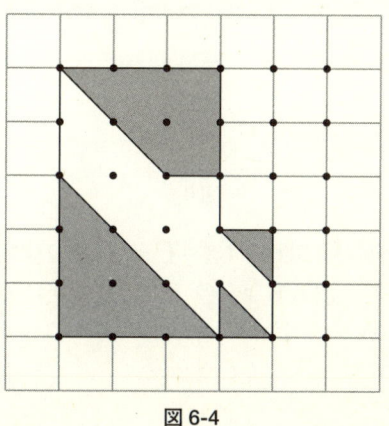

図6-4

$$(3 \times 5 - \frac{1}{2} \times 3 \times 3 - 2 - \frac{1}{2} \times 2 \times 2) + (2 - \frac{1}{2} \times 1 - \frac{1}{2} \times 1)$$
$$= (15 - 4.5 - 2 - 2) + (2 - 0.5 - 0.5)$$
$$= 6.5 + 1$$
$$= 7.5$$

あれあれ？ 犬と影の大きさは実は同じだったのですね。では，同じ行列をつかって，別の形も変化させてみましょう。今度は鯉の絵を変化させてみます（図6-5，6-6）。

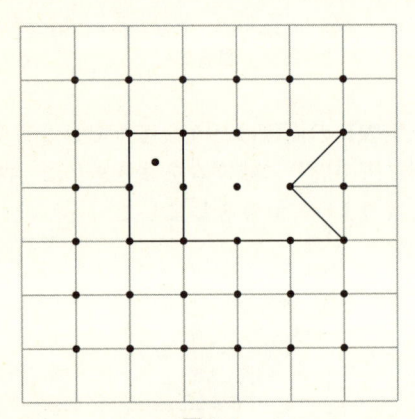

**図 6-5**

変化する前の鯉の面積は $8 - 1 = 7$ になります。影の方はどうなりますか？ あなたの一番やりやすい方法で計算してみてくださいね。どうでしょう？ 7になりましたか？ もっとわかりやすい絵でもう一度。

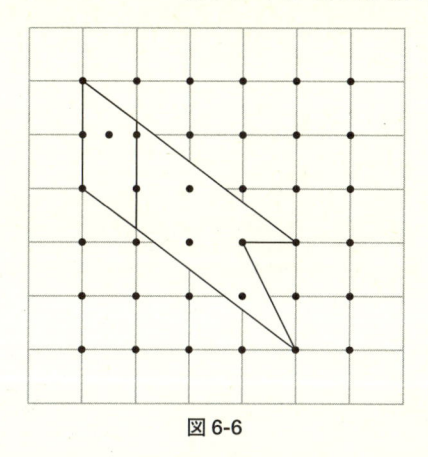

第6章 犬はどんな大きさになったか

図 6-6

今度は面積1の正方形が3つあります。行列 $\begin{pmatrix} 1 & -1 \\ 0 & 1 \end{pmatrix}$ をつかって変形すると、それぞれどんな形になって、面積がどうなるか調べてみましょう（図6-7）。

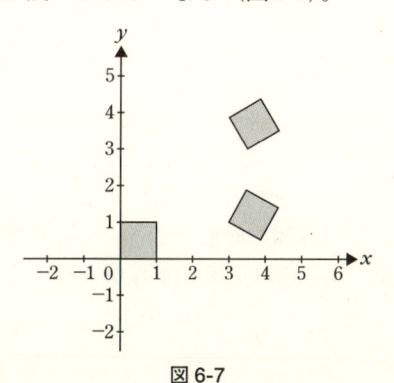

図 6-7

ここでストップ。自分でやってみよう。

図 6-8

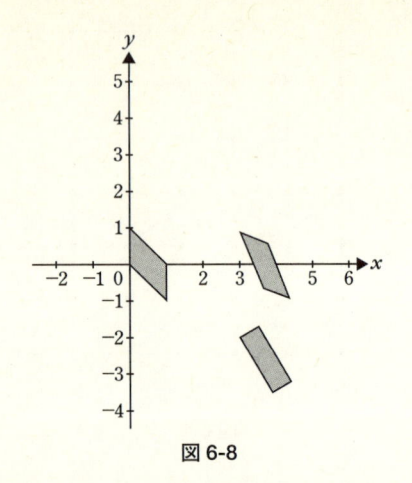

　正方形は全部平行四辺形に変化しますが、その形はまちまちです。ただし、面積は全部同じで、1になっているようです（図6-8）。置いた場所によって、形が変わってしまうのでしょうか？

　次の図を見てください。これは、同じ方向に向けた正方形をバラバラに3つ置いた場合です（図6-9）。

　この時は、まったく同じ平行四辺形に変化しました（図6-10）。三角形を変化させても同じことが起きます。面積1の正方形を変形してできた平行四辺形の面積は、どれも1になりました。この行列で変形すると、犬の面積も、鯉の面積もそして正方形の面積も変化しなかったのです。

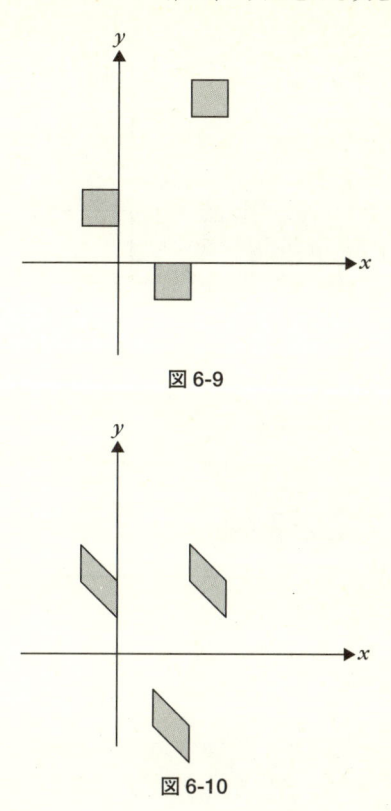

第6章 犬はどんな大きさになったか

図 6-9

図 6-10

どうも行列には,
1. 同じ面積のものは，また同じ面積のものに移す。
2. 違う場所に置かれた図形でも，同じ方向に向いていれば同じ形に移す。

という性質があるようです。

**図 6-11**

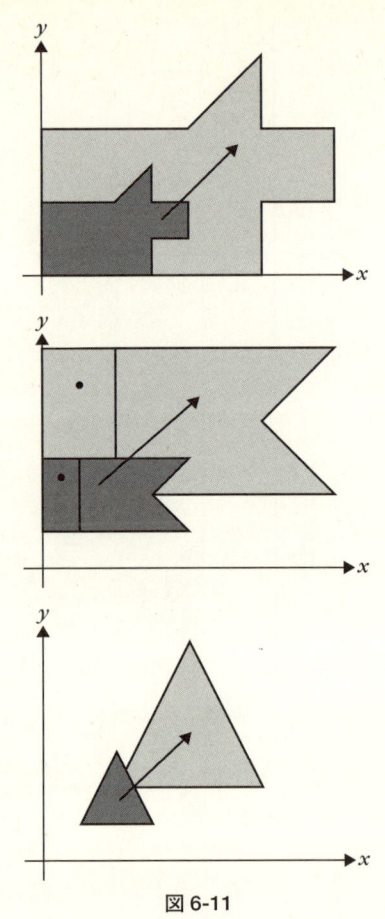

今度は $\begin{pmatrix} 2 & 0 \\ 0 & 2 \end{pmatrix}$ という行列をつかってみます (図 6-11)。

どうですか？　犬も鯉も三角形もどれも縦横2倍ずつ拡大されて，面積は4倍になりました。

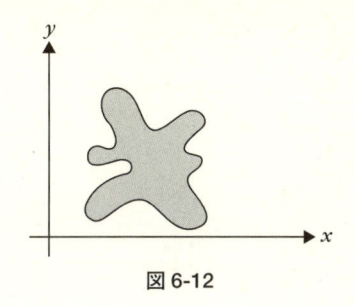

第6章 犬はどんな大きさになったか

**図 6-12**

こんな複雑な図形を考えてみましょう（図6-12）。これを $\begin{pmatrix} 1 & 2 \\ -1 & 1 \end{pmatrix}$ で変形させたら面積は何倍になるかな？ 予想してみてください。

面積1の正方形を変形させてみて，何倍になるか調べてみたらわかるはずですよね。
早速調べてみましょう。これが基本の正方形です（図6-13）。

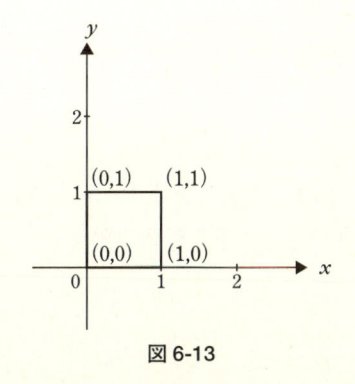

**図 6-13**

変化させてみます。

$$( 0 \quad 0 ) \begin{pmatrix} 1 & 2 \\ -1 & 1 \end{pmatrix} = ( 0 \quad 0 ) \quad \text{(式6.1)}$$

$$( 1 \quad 0 ) \begin{pmatrix} 1 & 2 \\ -1 & 1 \end{pmatrix} = ( 1 \quad 2 ) \quad \text{(式6.2)}$$

$$( 0 \quad 1 ) \begin{pmatrix} 1 & 2 \\ -1 & 1 \end{pmatrix} = ( -1 \quad 1 ) \quad \text{(式6.3)}$$

$$( 1 \quad 1 ) \begin{pmatrix} 1 & 2 \\ -1 & 1 \end{pmatrix} = ( 0 \quad 3 ) \quad \text{(式6.4)}$$

4つの点をつないでみましょう（図6-14）。

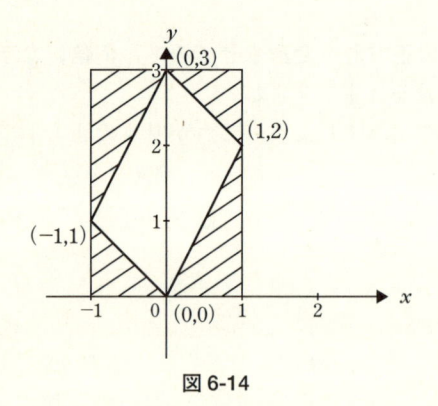

**図6-14**

　面積はいくつになるかな。ジオボードをつかってやってみましょう。斜線の部分を大きな四角からひくと簡単ですよ。

$$2 \times 3 - \frac{1}{2}(1 \times 2 + 1 \times 1 + 2 \times 1 + 1 \times 1) = 6 - 3$$
$$= 3$$

答えは3になりました。

だとすると,ふむ。何が起こるんだったっけ? そう。この行列で変形すると,どんな図形でも面積は3倍になっているはず。きっと図6-12の図形の面積も3倍になるはずですね。

あれ? (式6.2)と(式6.3)に注目してみてください。=の右側に出てくる点は$(1,2)$と$(-1,1)$。上下に合わせると$\begin{pmatrix} 1 & 2 \\ -1 & 1 \end{pmatrix}$になる。これは,=の左側に出てくる行列と同じです。これは偶然の一致なのかな?

一般化してみましょう。かける行列を$\begin{pmatrix} A & B \\ C & D \end{pmatrix}$と置いてみます。これで,面積1の正方形を変化させるとどうなるか調べてみます。

この行列をかけると,原点は,

$$\begin{pmatrix} 0 & 0 \end{pmatrix} \begin{pmatrix} A & B \\ C & D \end{pmatrix} = \begin{pmatrix} 0 & 0 \end{pmatrix}$$

原点に移ります。

点$(1,0)$は,

$$\begin{pmatrix} 1 & 0 \end{pmatrix} \begin{pmatrix} A & B \\ C & D \end{pmatrix} = \begin{pmatrix} (1 \times A + 0 \times C) & (1 \times B + 0 \times D) \end{pmatrix}$$
$$= \begin{pmatrix} A & B \end{pmatrix}$$

$\begin{pmatrix} A & B \end{pmatrix}$,つまり,行列の1行目に移りますね。

一方,点 $(0,1)$ は,

$$(0 \quad 1)\begin{pmatrix} A & B \\ C & D \end{pmatrix} = ((0 \times A + 1 \times C) \quad (0 \times B + 1 \times D))$$
$$= (C \quad D)$$

$(C \quad D)$, つまり, 行列の2行目に移ります。やった! 思った通り。

行列 $\begin{pmatrix} A & B \\ C & D \end{pmatrix}$ をつかうと, 点 $(1,0)$ は点 $(A,B)$ に, 点 $(0,1)$ は点 $(C,D)$ に移るんです。

では, 残りの点 $(1,1)$ はどこに行くのか, 計算してみましょう。

$$(1 \quad 1)\begin{pmatrix} A & B \\ C & D \end{pmatrix} = ((A+C) \quad (B+D))$$

となりますね。さあ,この4点でできる四角形の面積はわかるかな? 簡単にするために,最初は $A, B, C, D$ が全部0よりも大きい数だと思って考えてみましょう(図6-15)。

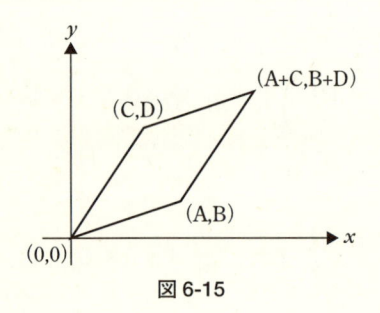

図 6-15

第6章 犬はどんな大きさになったか

ていこは「一番外側を輪ゴムで囲って，いらないところを取ればいいのだから」と，ジオボードをつかってこんな風に計算をしました（図6-16）。

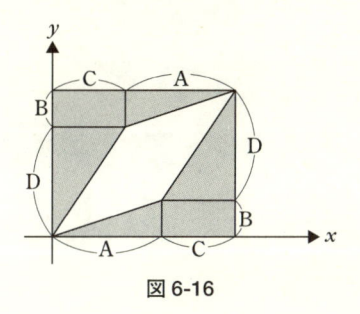

図 6-16

$$(A + C) \times (B + D) - BC - BC$$
$$- \frac{1}{2}AB - \frac{1}{2}AB - \frac{1}{2}CD - \frac{1}{2}CD = AD - BC$$

つまり，この行列で変形したら，面積は元の図の $(AD-BC)$ 倍になる[2]ということがわかったわけです。だとすると……。ふーむ，これはおもしろい。

もし，$(AD - BC)$ がちょうど0になるとどんなことが起こるんだろう？

---

[2] これは $A, B, C, D$ がすべて正の数のときのことです。一般には $(AD - BC)$ の絶対値をとる必要があります。$A, B, C, D$ が負の数のときどうなるか，ぜひ調べてみてくださいね。

# 7 もっといろいろな問題を解いてみよう

11歳のアンドリーナちゃんは $\begin{pmatrix} 0 & 1 \\ -1 & 0 \end{pmatrix}$ の行列を選んで，犬の絵を動かしてみました。すると，犬の絵が時計と反対回りに90度回転することがわかりました（図7-1）。

そこで，私は彼女にいくつか質問をしました。

1. 犬を（時計と反対回りに）180度回転させるにはどんな行列をつかったらよいか？
2. 移動させるのではなくて，その場で犬を大きくするにはどんな行列を使ったらよいか？
3. 反対に小さくするにはどうしたらよいか？
4. 犬をつぶさずに変形させる方法はあるか？
5. 犬を反対に向かせるにはどうしたらよいか？（図7-2）
6. 原点が犬の中心にくるようにするにはどうすればよいか？（図7-3）

第7章　もっといろいろな問題を解いてみよう

① $\begin{bmatrix} 0 & 0 \end{bmatrix} \times \begin{bmatrix} 0 & 1 \\ -1 & 0 \end{bmatrix} = \begin{bmatrix} 0 & 0 \end{bmatrix}$  ⑤ $\begin{bmatrix} 4 & 2 \end{bmatrix} \times \begin{bmatrix} 0 & 1 \\ -1 & 0 \end{bmatrix} = \begin{bmatrix} -2 & 4 \end{bmatrix}$

② $\begin{bmatrix} 3 & 0 \end{bmatrix} \times \begin{bmatrix} 0 & 1 \\ -1 & 0 \end{bmatrix} = \begin{bmatrix} 0 & 3 \end{bmatrix}$  ⑥ $\begin{bmatrix} 3 & 2 \end{bmatrix} \times \begin{bmatrix} 0 & 1 \\ -1 & 0 \end{bmatrix} = \begin{bmatrix} -2 & 3 \end{bmatrix}$

③ $\begin{bmatrix} 3 & 1 \end{bmatrix} \times \begin{bmatrix} 0 & 1 \\ -1 & 0 \end{bmatrix} = \begin{bmatrix} -1 & 3 \end{bmatrix}$  ⑦ $\begin{bmatrix} 3 & 3 \end{bmatrix} \times \begin{bmatrix} 0 & 1 \\ -1 & 0 \end{bmatrix} = \begin{bmatrix} -3 & 3 \end{bmatrix}$

④ $\begin{bmatrix} 4 & 1 \end{bmatrix} \times \begin{bmatrix} 0 & 1 \\ -1 & 0 \end{bmatrix} = \begin{bmatrix} -1 & 4 \end{bmatrix}$  ⑧ $\begin{bmatrix} 2 & 2 \end{bmatrix} \times \begin{bmatrix} 0 & 1 \\ -1 & 0 \end{bmatrix} = \begin{bmatrix} -2 & 2 \end{bmatrix}$

$\begin{bmatrix} -1 & 0 \\ 0 & -1 \end{bmatrix}$

Matrix $\begin{bmatrix} 0 & 1 \\ -1 & 0 \end{bmatrix}$ rotated the dog 90° counterclockwise.

⑨ $\begin{bmatrix} 0 & 2 \end{bmatrix} \times \begin{bmatrix} 0 & 1 \\ -1 & 0 \end{bmatrix} = \begin{bmatrix} -2 & 0 \end{bmatrix}$

Matrix $\begin{bmatrix} -1 & 0 \\ 0 & -1 \end{bmatrix}$ rotated the dog 180°

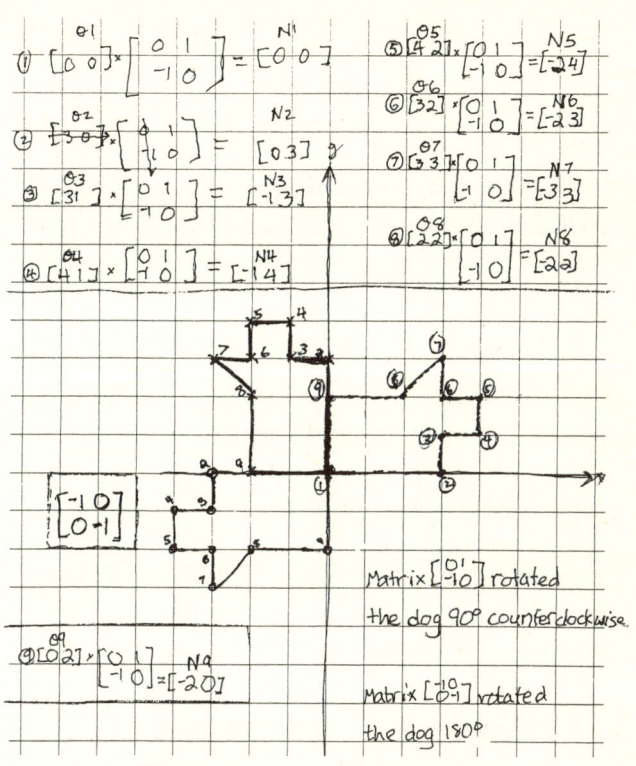

図7-1　アンドリーナのワークシート

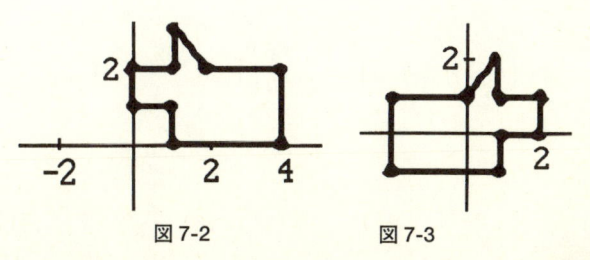

図7-2　　　　　　　　図7-3

アンドリーナはまず最初の問題に取り組みました。犬を180度回転させるにはどうしたらよいか，という問題です。40分くらいかかったでしょうか。アンドリーナはこう書きました。

「180度回転させるには，90度回転させて，それからもう1回90度回転させればいい。2回90度回転をするには，さっきの行列を2回かければいいと思う」

彼女は実際その通りやってみました。

$$\begin{pmatrix} 4 & 1 \end{pmatrix} \times \underbrace{\begin{pmatrix} 0 & 1 \\ -1 & 0 \end{pmatrix} \times \begin{pmatrix} 0 & 1 \\ -1 & 0 \end{pmatrix}} \quad (式7.1)$$

$$= \begin{pmatrix} 4 & 1 \end{pmatrix} \times \begin{pmatrix} -1 & 0 \\ 0 & -1 \end{pmatrix} = \begin{pmatrix} -4 & -1 \end{pmatrix} \quad (式7.2)$$

上の計算ではまず，2つの2×2行列をかけて，新しい2×2行列を作っておいて（式7.2），それを回転させたい点，この場合は$(4, 1)$にかけています。

もうひとつ別のやりかたで計算してみましょう。

$$\begin{pmatrix} 4 & 1 \end{pmatrix} \times \begin{pmatrix} 0 & 1 \\ -1 & 0 \end{pmatrix} = \begin{pmatrix} -1 & 4 \end{pmatrix} \quad (式7.3)$$

$$\begin{pmatrix} -1 & 4 \end{pmatrix} \times \begin{pmatrix} 0 & 1 \\ -1 & 0 \end{pmatrix} = \begin{pmatrix} -4 & -1 \end{pmatrix} \quad (式7.4)$$

第7章　もっといろいろな問題を解いてみよう

この計算ではまず，$(\begin{array}{cc} 4 & 1 \end{array})$ に90度回転させる行列 $\begin{pmatrix} 0 & 1 \\ -1 & 0 \end{pmatrix}$ をかけることで (式7.3)，新しい点 $(-1, 4)$ を求め，さらにそれを90度回転させています (式7.4)。

やり方は2つですが，答えは同じになっています。このことから，アンドリーナと私は2つのことを結論づけました。ひとつは行列のかけ算は順番をひっくり返してはいけないけれど，順番通りにするなら，どこから計算しても答えは同じになるということ (結合法則)，そしてもうひとつは $\begin{pmatrix} -1 & 0 \\ 0 & -1 \end{pmatrix}$ という行列は $-1$ と同じような働きをする，ということです。この行列をかけてやると，もとの点の座標の正負が $x, y$ 両方ともひっくり返るのです。

第1の計算方法の中で，90度回転する行列を2つかけあわせてできた行列が $\begin{pmatrix} -1 & 0 \\ 0 & -1 \end{pmatrix}$ です。この行列が「180度回転させる行列」になることがこれでわかりました。

$$\begin{pmatrix} 0 & 1 \\ -1 & 0 \end{pmatrix}^2 = \begin{pmatrix} 0 & 1 \\ -1 & 0 \end{pmatrix} \times \begin{pmatrix} 0 & 1 \\ -1 & 0 \end{pmatrix} = \begin{pmatrix} -1 & 0 \\ 0 & -1 \end{pmatrix}$$

このことから類推すれば，

$$\begin{pmatrix} 0 & 1 \\ -1 & 0 \end{pmatrix}^3 = \begin{pmatrix} 0 & 1 \\ -1 & 0 \end{pmatrix} \times \begin{pmatrix} -1 & 0 \\ 0 & -1 \end{pmatrix} = \begin{pmatrix} 0 & -1 \\ 1 & 0 \end{pmatrix}$$

という行列は，犬を270度 (時計と反対回りに) 回転させるに違いありません。これは時計方向に90度回転させることと同じですね。

アンドリーナはそのことをしっかりと予測して，ワークシートにも書き込んでいます。それが図7-4です。彼女は実際この行列をつかって絵を動かし，この予測が正しかったことも確かめています。

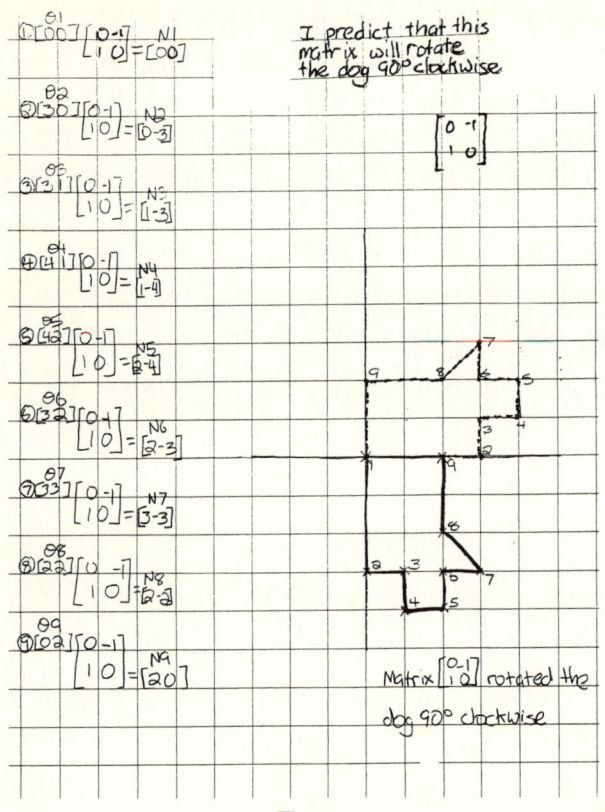

**図 7-4**

第7章　もっといろいろな問題を解いてみよう

アンドリーナは別の行列についても調べてくれました。そして，$\begin{pmatrix} -1 & 1 \\ 0 & 0 \end{pmatrix}$という行列をつかうと，犬の絵はつぶれてしまって，一本の線になってしまうことを発見しました。その線は $x+y=0$ のグラフに重なります。元の絵の点がどのように移動したか詳しく調べたのが図7-5です。

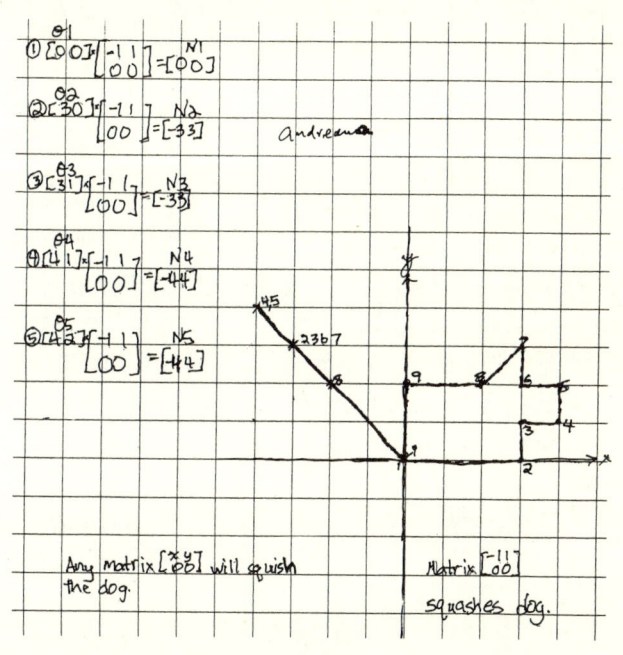

図 7-5

点4と点5は$(-4,4)$へ，点2，3，6，7は$(-3,3)$へ，点8は$(-2,2)$へ，点1と点9は原点に移ったことがわかります。おもしろいのは点2，3，6，7は元の絵ではみんな$x=3$上にある，ということです。点4と点5の$x$の値も4で同じです。どうもつぶれかたに法則があるようですね。アンドリーナはこのワークシートにもうひとつ興味深いことを書き留めています。

「$\begin{pmatrix} x & y \\ 0 & 0 \end{pmatrix}$という形の行列は必ず犬をつぶしてしまう」

私たちは次にこんなことを話し合いました。「かわいそうに。犬はつぶれちゃったね。もとに戻してやることはできないのかな」と。そこで，アンドリーナは「犬復元行列」を探すべく，いろいろな行列を試してみることにしたのです。まずは見かけの似ている行列$\begin{pmatrix} 0 & 0 \\ -1 & 1 \end{pmatrix}$から始めました。さっきの90度回転を2回やったときと同じように，彼女はこの行列を左側にかけてみようと考えました。

元の点の座標が$(x,y)$だったら，$\begin{pmatrix} -1 & 1 \\ 0 & 0 \end{pmatrix}$で移動した先は，

$$( x \quad y ) \times \begin{pmatrix} -1 & 1 \\ 0 & 0 \end{pmatrix}$$

になるはずです。これを$\begin{pmatrix} 0 & 0 \\ -1 & 1 \end{pmatrix}$をつかってもう1回動かしたら，

第 7 章　もっといろいろな問題を解いてみよう

$$( x \ y ) \times \begin{pmatrix} -1 & 1 \\ 0 & 0 \end{pmatrix} \times \begin{pmatrix} 0 & 0 \\ -1 & 1 \end{pmatrix}$$

に移動するはずです。これを計算すると,

$$( x \ y ) \times \begin{pmatrix} -1 & 1 \\ 0 & 0 \end{pmatrix} \times \begin{pmatrix} 0 & 0 \\ -1 & 1 \end{pmatrix}$$
$$= ( x \ y ) \times \begin{pmatrix} -1 & 1 \\ 0 & 0 \end{pmatrix}$$

あれ？　元にもどっちゃった。

アンドリーナはここまでの学習で, $\begin{pmatrix} 1 & 0 \\ 0 & 1 \end{pmatrix}$ という行列が特別な役わりをもっていること, つまり, どんな行列に $\begin{pmatrix} 1 & 0 \\ 0 & 1 \end{pmatrix}$ をかけても変化しないことに気づいていました。彼女はこれを「まるで 1 みたいな行列」と表現しました。

アンドリーナは, $\begin{pmatrix} 0 & 0 \\ -1 & 1 \end{pmatrix}$ も「1 みたいな行列」なのかな, と思いました。でも, そうではないことにすぐに気がつきました。$\begin{pmatrix} 0 & 0 \\ -1 & 1 \end{pmatrix}$ をかけると変化してしまう行列がたくさんあることがわかったからです。

アンドリーナは次に $\begin{pmatrix} -1 & 1 \\ 1 & 1 \end{pmatrix}$ という行列を試してみました。犬を $\begin{pmatrix} -1 & 1 \\ 0 & 0 \end{pmatrix}$ で移動させると, $x+y=0$ に重なるのでしたね。点 1 から点 9 までの 9 つの点を移動すると, $(-4,4), (-3,3), (-2,2), (0,0)$ の 4 つの点のうちのどれかになってしまいます。さらに, これら 4 つの点を $\begin{pmatrix} -1 & 1 \\ 1 & 1 \end{pmatrix}$ で移動させるとどうなるでしょうか。$(0,0)$ は $(0,0)$ に, $(-3,3)$

は $(6,0)$ へ，$(-4,4)$ は $(8,0)$ へ，そして $(-2,2)$ は $(4,0)$ に移動します。犬は元には戻りません。図は $x$ 軸に重なって，少し伸びたかっこうになっただけでした（図 7-6）。

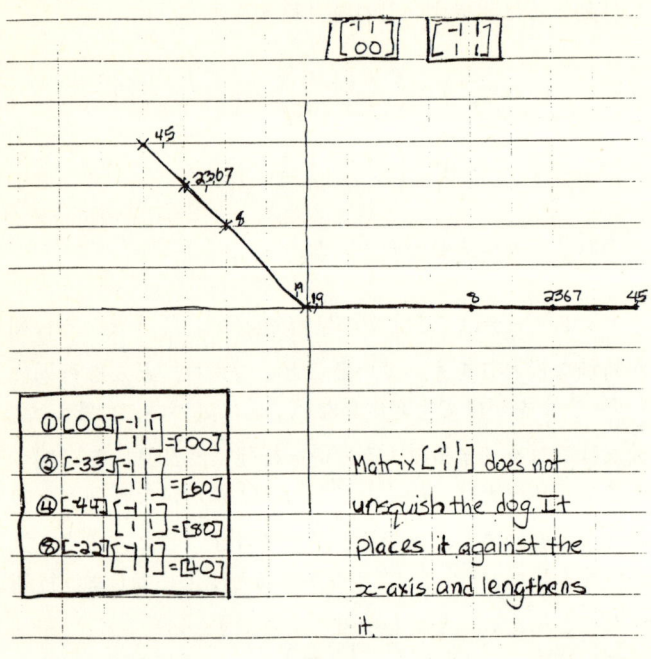

図 7-6

アンドリーナは $1, -1$ や $0$ ばかり試していたのでは埒が明かない，と感じて，次に $\begin{pmatrix} -1 & 1 \\ 1 & -2 \end{pmatrix}$ を試しています。これもうまくいきませんでした。$\begin{pmatrix} -1 & 1 \\ 1 & -2 \end{pmatrix}$ をつかっても，犬は戻ってきません。やはり直線のまま，ただし別の象限に別の角度で現れました。長さも変化しています（図 7-7）。

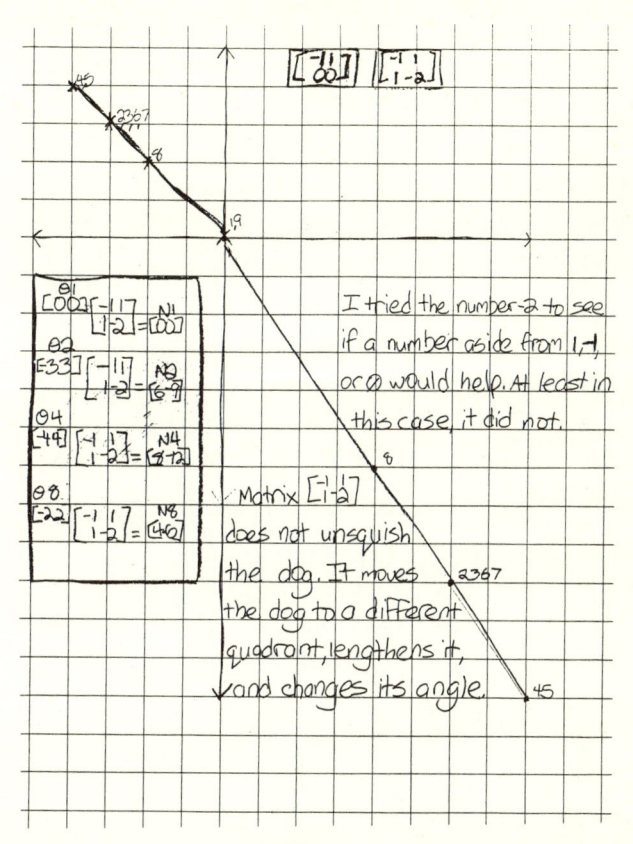

第7章　もっといろいろな問題を解いてみよう

**図7-7**

アンドリーナはここでちょっと別のことを試しています。$\begin{pmatrix} -1 & 1 \\ 0 & 0 \end{pmatrix}$ という行列は犬の絵だけをつぶすのでしょうか？　ほかの絵はどうでしょう？　ちょうど犬の絵をつぶ

してできた像と同じものに移動する絵がほかにあるでしょうか。アンドリーナは第1象限と第4象限にまたがる絵が、ちょうど犬と同じように移動することを発見しました。ここでも、犬と同じように縦にまっすぐに並んだ点（たとえば点2, 3, 6, 7）はひとつの点（この場合は$(-3,3)$）へ移動している様子がよくわかります。

彼女は次第に、$\begin{pmatrix} -1 & 1 \\ 0 & 0 \end{pmatrix}$にかけるとちょうど$\begin{pmatrix} 1 & 0 \\ 0 & 1 \end{pmatrix}$になるような行列を探せば、犬は元通りになる、ということに気づきました。それと同時に、0, 1, −1 しか出てこない行列だけを探しても全部で81個もの行列を調べなくてはならない（！）ということにもね（付録2参照）。

けれども、段々「どんな行列でなくちゃ犬を元通りにすることができないか」というイメージもわいてきました。

$$\begin{pmatrix} -1 & 1 \\ 0 & 0 \end{pmatrix} \times \begin{pmatrix} ? & ? \\ ? & ? \end{pmatrix} = \begin{pmatrix} 1 & 0 \\ 0 & 1 \end{pmatrix}$$

という式をよーくながめてみます。＝の右側にある行列の右下の数字は1です。＝の左側でどんな計算をすると、この場所に1という数字がでてくるでしょうか？　だって、一番最初の行列の下の行はそろって0なんですよ。どんな数字をもってきたって、0をかけたら0にしかなりません。それをたしてもやっぱり0です。ここまできてアンドリーナはいいました。

「犬は元には戻らないわ。だって、元に戻してくれるような行列は絶対にないんですもの」

それから、アンドリーナはこんな質問をしました。

「どんな行列で犬を動かしたら、元に戻らないのかしら？」

第7章　もっといろいろな問題を解いてみよう

それから，
「2×2の行列があったとき，どうやったら簡単にその逆を探し出すことができるのかしら？」

アンドリーナ，この問題はとてもおもしろい！　この問題については，11章と12章でゆっくりと考えることにしましょう。

私たちはすべての問題を保留にしたわけではありませんよ。アンドリーナは62ページの問題2と4をちゃんと解決しています。図7-8を見てください。行列 $\begin{pmatrix} 1 & -1 \\ 1 & 0 \end{pmatrix}$ をつかうと，犬はちゃんとつぶれないで，形を変えました。

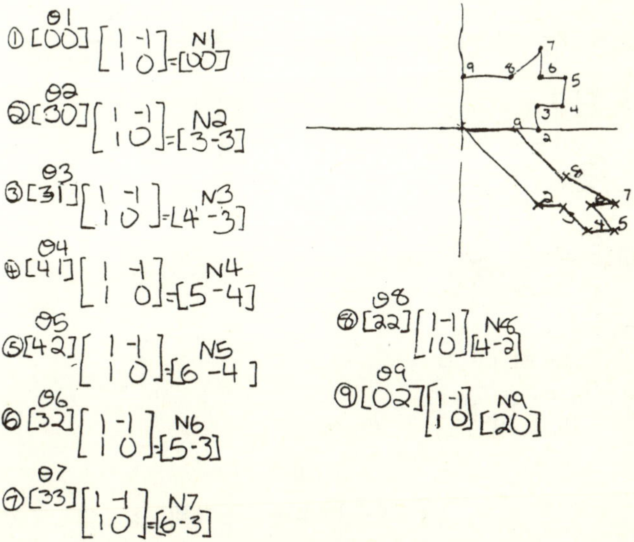

① [0 0] $\begin{bmatrix} 1 & -1 \\ 1 & 0 \end{bmatrix}$ = [0 0]　N1

② [3 0] $\begin{bmatrix} 1 & -1 \\ 1 & 0 \end{bmatrix}$ = [3 -3]　N2

③ [3 1] $\begin{bmatrix} 1 & -1 \\ 1 & 0 \end{bmatrix}$ = [4 -3]　N3

④ [4 1] $\begin{bmatrix} 1 & -1 \\ 1 & 0 \end{bmatrix}$ = [5 -4]　N4

⑤ [4 2] $\begin{bmatrix} 1 & -1 \\ 1 & 0 \end{bmatrix}$ = [6 -4]　N5

⑥ [3 2] $\begin{bmatrix} 1 & -1 \\ 1 & 0 \end{bmatrix}$ = [5 -3]　N6

⑦ [3 3] $\begin{bmatrix} 1 & -1 \\ 1 & 0 \end{bmatrix}$ = [6 -3]　N7

⑧ [2 2] $\begin{bmatrix} 1 & -1 \\ 1 & 0 \end{bmatrix}$ = [4 -2]　N8

⑨ [0 2] $\begin{bmatrix} 1 & -1 \\ 1 & 0 \end{bmatrix}$ = [2 0]　N9

図 7-8

行列 $\begin{pmatrix} 2 & 0 \\ 0 & 2 \end{pmatrix}$ をつかうと，犬の長さも高さも2倍になります（図7-9）。このとき，面積は4倍になっています（アンドリーナは勘違いして大きさが2倍になると書いています）。でも，方向や形自体は変わっていません。ワークシートの中にアンドリーナはおもしろいことを書き残しています。

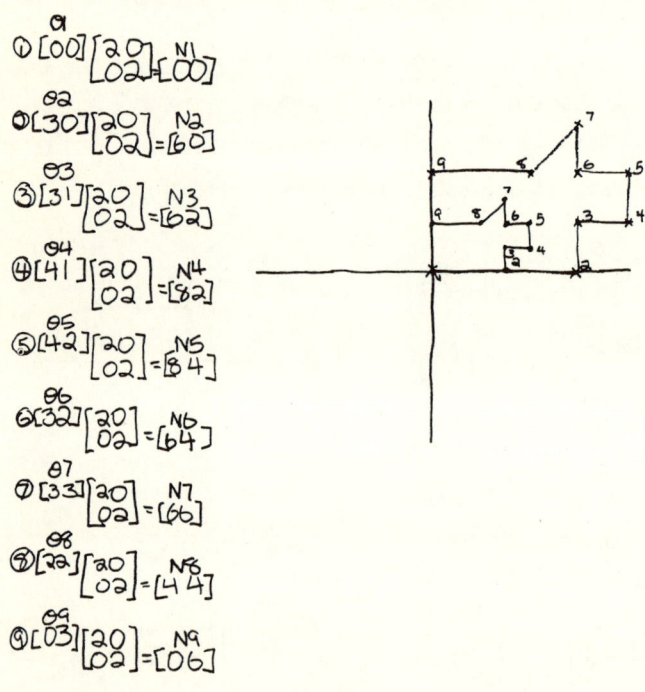

① $[0\ 0]\begin{bmatrix}2&0\\0&2\end{bmatrix} \overset{N1}{=}[0\ 0]$

② $[3\ 0]\begin{bmatrix}2&0\\0&2\end{bmatrix} \overset{N2}{=}[6\ 0]$

③ $[3\ 1]\begin{bmatrix}2&0\\0&2\end{bmatrix} \overset{N3}{=}[6\ 2]$

④ $[4\ 1]\begin{bmatrix}2&0\\0&2\end{bmatrix} \overset{N4}{=}[8\ 2]$

⑤ $[4\ 2]\begin{bmatrix}2&0\\0&2\end{bmatrix} \overset{N5}{=}[8\ 4]$

⑥ $[3\ 2]\begin{bmatrix}2&0\\0&2\end{bmatrix} \overset{N6}{=}[6\ 4]$

⑦ $[3\ 3]\begin{bmatrix}2&0\\0&2\end{bmatrix} \overset{N7}{=}[6\ 6]$

⑧ $[2\ 2]\begin{bmatrix}2&0\\0&2\end{bmatrix} \overset{N8}{=}[4\ 4]$

⑨ $[0\ 3]\begin{bmatrix}2&0\\0&2\end{bmatrix} \overset{N9}{=}[0\ 6]$

**図7-9**

「$\begin{pmatrix} 2 & 0 \\ 0 & 2 \end{pmatrix}$ という行列は『1みたいな行列』を2倍してできた行列」と。

## 第7章 もっといろいろな問題を解いてみよう

7歳のマーク君も、アンドリーナと同じようにいろいろな行列をつかって犬の絵を変化させることができました。そして、$\begin{pmatrix} 0 & 1 \\ 1 & -1 \end{pmatrix}$という行列をつかうと犬はこんな形に変化します（図7-10）。

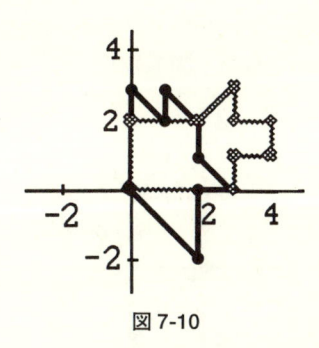

**図 7-10**

この行列を調べると、アンドリーナが興味をもった第2の問題へのヒントが隠されていることがわかります。行列$\begin{pmatrix} 0 & 1 \\ 1 & 0 \end{pmatrix}$は元の犬を図7-11のように変化させます。

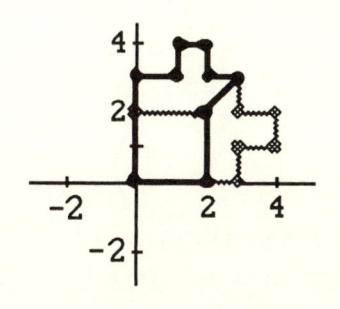

**図 7-11**

元の絵では犬のお腹のところの線は$x$軸と重なっていたのが，変化させた後の図ではお腹の線は$y$軸に重なっています。よく観察すると，$x=y$の直線を軸にしてひっくり返したかっこうになっていることがわかるでしょう。

　次に行列$\begin{pmatrix} 1 & -1 \\ 0 & 1 \end{pmatrix}$でさらに変化させます。すると犬は少し後ろに傾きました（図7-12）。

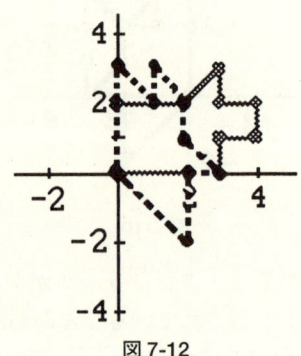

図 7-12

　これはマークが描いた絵とちょうど重なります。つまり，マークの行列はこの2つの行列をかけあわせたものと等しくなることがわかったのです。

$$\begin{pmatrix} 0 & 1 \\ 1 & 0 \end{pmatrix} \times \begin{pmatrix} 1 & -1 \\ 0 & 1 \end{pmatrix} = \begin{pmatrix} 0 & 1 \\ 1 & -1 \end{pmatrix}$$

　さて，この本を書き上げているとき，アンドリーナは6番の問題に取り組んでいるところでした。どうやったら犬の中心を原点に重ねることができるでしょうか。いままでの犬の動き方を観察してみましょう。妙なことに気がつきま

せんか？ 犬の後ろ足は原点にくっついたまま離れません
ね？ どうしてでしょう。元の絵を見ます。後ろ足の座標
は $(0,0)$ です。そのことと，犬の後ろ足が動かないことには
なにか関係はないのでしょうか？

後ろ足が原点にあったとき，行列で後ろ足を動かすこと
ができるでしょうか。ちょっと計算してみましょう。

$$\begin{pmatrix} 0 & 0 \end{pmatrix} \times \begin{pmatrix} A & B \\ C & D \end{pmatrix} = \begin{pmatrix} 0 & 0 \end{pmatrix}$$

原点にどんな行列をかけても原点にしかなりません。だ
から，後ろ足は動きようがなかったのです。このことをヒ
ントに5番と6番の問題をあなたも考えてみてくださいね。

図7-13を見てください。これは7歳のマット君が犬の絵を動かしているところです。ただし，犬が置いてある場所が違います。この場合は犬の中心が原点に重なるように置かれています。$\begin{pmatrix} 0 & 3 \\ 2 & 0 \end{pmatrix}$という行列をつかうと犬はひっくり返ってから上を向き，それから大きくなりました。

$(0,1)\begin{pmatrix} 0 & 3 \\ 2 & 0 \end{pmatrix} = (2,0)$

$(-2,1)\begin{pmatrix} 0 & 3 \\ 2 & 0 \end{pmatrix} = (2,-6)$

$(-2,-1)\begin{pmatrix} 0 & 3 \\ 2 & 0 \end{pmatrix} = (-2,-6)$

$(1,-1)\begin{pmatrix} 0 & 3 \\ 2 & 0 \end{pmatrix} = (-2,3)$

$(1,0)\begin{pmatrix} 0 & 3 \\ 2 & 0 \end{pmatrix} = (0,-3)$

$(2,0)\begin{pmatrix} 0 & 3 \\ 2 & 0 \end{pmatrix} = (0,6)$

$(2,1)\begin{pmatrix} 0 & 3 \\ 2 & 0 \end{pmatrix} = (2,6)$

$(1,1)\begin{pmatrix} 0 & 3 \\ 2 & 0 \end{pmatrix} = (2,3)$

$(1,2)\begin{pmatrix} 0 & 3 \\ 2 & 0 \end{pmatrix} = (4,3)$

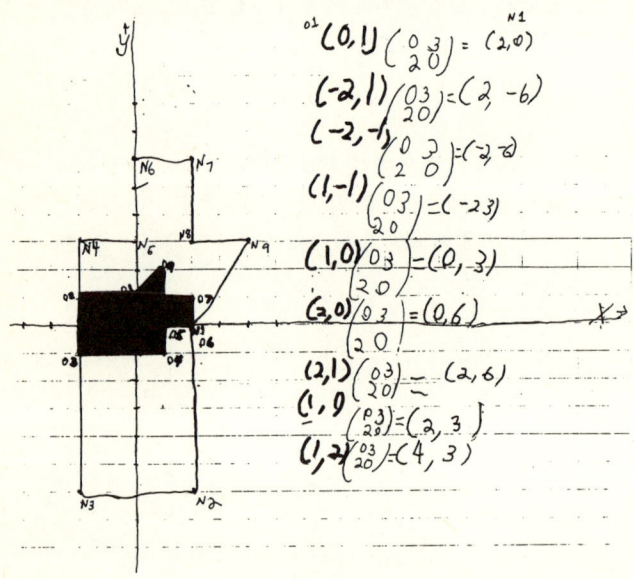

**図 7-13**

このときは後ろ足は元とは全く違う場所にあります。マット君は犬をひっくり返さずに縦に3倍，横に2倍する行列は $\begin{pmatrix} 1 & 3 \\ 2 & 1 \end{pmatrix}$ ではないかと予測しています。この予測は正しいかな？　確かめてみてください。もし間違っていたなら，あなたの予測を聞かせてください。

第7章　もっといろいろな問題を解いてみよう

アンドリーナはさらに、行列で絵がつぶれるとき、どんな風に点が移動するかそのパターンについても調べていました。

$(x, y) \to (x+y, 0)$

$(-3\ 3)\begin{pmatrix} 1 & 0 \\ 1 & 0 \end{pmatrix} = (6\ 0)$

$(3\ 4)\begin{pmatrix} 1 & 0 \\ 1 & 0 \end{pmatrix} = (7\ 0)$

$(4\ 4)\begin{pmatrix} 1 & 0 \\ 1 & 0 \end{pmatrix} = (8\ 0)$

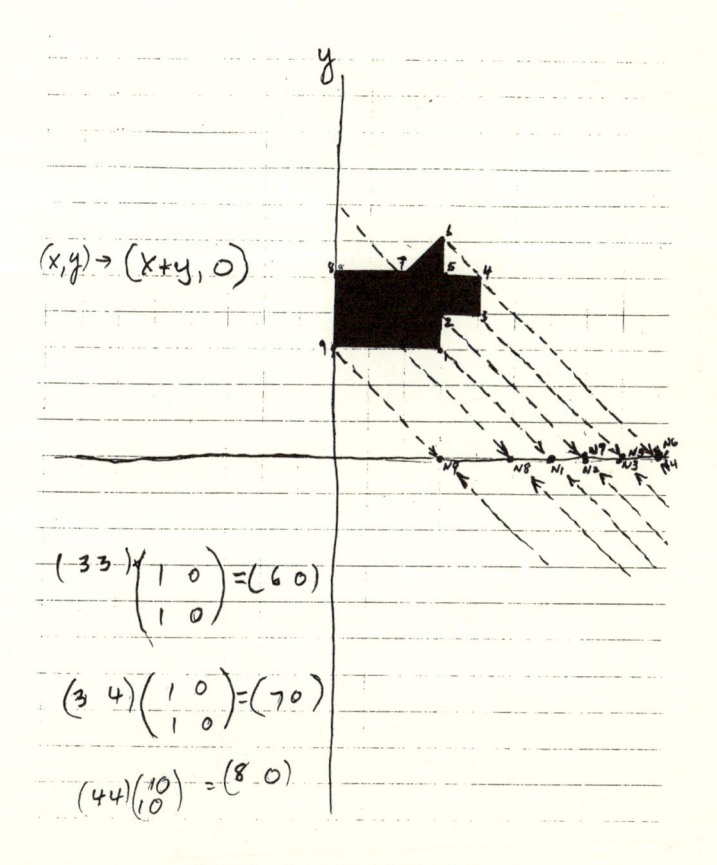

**図7-14　ウィリアムのワークシート**

$\begin{pmatrix} 1 & 0 \\ 1 & 0 \end{pmatrix}$ という行列をつかうと，犬はつぶれて$x$軸に重なってしまいます。このときの点の動き方を調べると，$(x,y)$という点は$(x+y,0)$という点に移動することがわかりました。中学3年生のウィリアム君も同じことを調べて図にしてくれました（図7-14）。

# セオドアの自由研究

さて，この章では夏休み数学教室に参加してくれた11歳のセオドア君がまとめた，行列についての自由研究を紹介したいと思います。

**夏休み研究「行列の計算と図形の変形について」**
セオドア゠グレイ

- 計算について
  僕は『数学の探求』という本の中で「買いものごっこの算数」という章を読みました。コーエン先生は最初に行と列の計算方法を教えてくれました。

$$\left(\begin{array}{ccc} \underrightarrow{2 & 3 & 5} \end{array}\right) \times \left(\begin{array}{c} \downarrow 1 \\ 7 \\ 9 \end{array}\right) = (68)$$

この答えは，

$$(2 \times 1) + (3 \times 7) + (5 \times 9)$$

とやって出します。次にコーエン先生は,

$$\begin{pmatrix} 3 & 5 \\ 7 & 9 \end{pmatrix} \times \begin{pmatrix} 2 & 4 \\ 6 & 8 \end{pmatrix}$$

をやってごらんと言いました。僕は最初この答えは $\begin{pmatrix} 26 & 58 \\ 50 & 114 \end{pmatrix}$ になると思いました。でもコーエン先生が最初の計算でやったように,最初の行列は左から,次の行列は上からひとつずつとってかけてからたすんだよ,と教えてくれたので,次には正しい答え $\begin{pmatrix} 36 & 52 \\ 68 & 100 \end{pmatrix}$ を出すことができました。2×2の行列どうしのかけ算は文字をつかうと,

$$\begin{pmatrix} A & B \\ C & D \end{pmatrix} \times \begin{pmatrix} E & F \\ G & H \end{pmatrix}$$
$$= \begin{pmatrix} AE+BG & AF+BH \\ CE+DG & CF+DH \end{pmatrix}$$

になります。僕は次にたし算について調べてみました。たとえば,

$$\begin{pmatrix} 3 & 8 \\ 4 & 5 \end{pmatrix} + \begin{pmatrix} 6 & 2 \\ 7 & 9 \end{pmatrix} = \begin{pmatrix} 9 & 10 \\ 11 & 14 \end{pmatrix}$$

になります。これを文字をつかって表すと,

$$\begin{pmatrix} A & B \\ C & D \end{pmatrix} + \begin{pmatrix} E & F \\ G & H \end{pmatrix} = \begin{pmatrix} A+E & B+F \\ C+G & D+H \end{pmatrix}$$

になります。次にコーエン先生は行列のかけ算のときに

数字の1みたいな性質をもつ行列を探してごらん，と言いました。つまり，

$$\begin{pmatrix} A & B \\ C & D \end{pmatrix} \times \boxed{\phantom{xx}} = \begin{pmatrix} A & B \\ C & D \end{pmatrix}$$

の四角にあてはまるような行列です。最初僕は $\begin{pmatrix} 1 & 1 \\ 1 & 1 \end{pmatrix}$ かなと思って試してみました。でも，

$$\begin{pmatrix} A & B \\ C & D \end{pmatrix} \times \begin{pmatrix} 1 & 1 \\ 1 & 1 \end{pmatrix} = \begin{pmatrix} A+B & A+B \\ C+D & C+D \end{pmatrix}$$

となってしまってうまくいきませんでした。僕は少しお父さんに手伝ってもらって $\begin{pmatrix} 1 & 0 \\ 0 & 1 \end{pmatrix}$ だったらうまくいく，ということを見つけました。その後，いろいろ試したことを文字をつかって一般化したのが次の表です。

| 性質 | 成り立つかどうか |
|---|---|
| たし算の交換法則：$A + B = B + A$ | ○ |
| かけ算の交換法則：$A \times B = B \times A$ | × |
| 分配法則：$A \times (B + C) = (A \times B) + (A \times C)$ | ○ |
| たし算の結合法則：$A + (B + C) = (A + B) + C$ | ○ |
| かけ算の結合法則：$A \times (B \times C) = (A \times B) \times C$ | ○ |

- 図形の変形について

 2×2の行列をつかうと，グラフ用紙に描いた絵を変形することができます。たとえば，座標上の点 $\begin{pmatrix} 6 \\ 5 \end{pmatrix}$ は行列 $\begin{pmatrix} 2 & 0 \\ 0 & 1 \end{pmatrix}$ をつかうと，

$$\begin{pmatrix} 2 & 0 \\ 0 & 1 \end{pmatrix} \times \begin{pmatrix} 6 \\ 5 \end{pmatrix} = \begin{pmatrix} 12 \\ 5 \end{pmatrix}$$

つまり, $\begin{pmatrix} 12 \\ 5 \end{pmatrix}$ という新しい点へ動かすことができます。この行列をつかって, グラフ上に描いた人の横顔を変形したのが図8-1です。

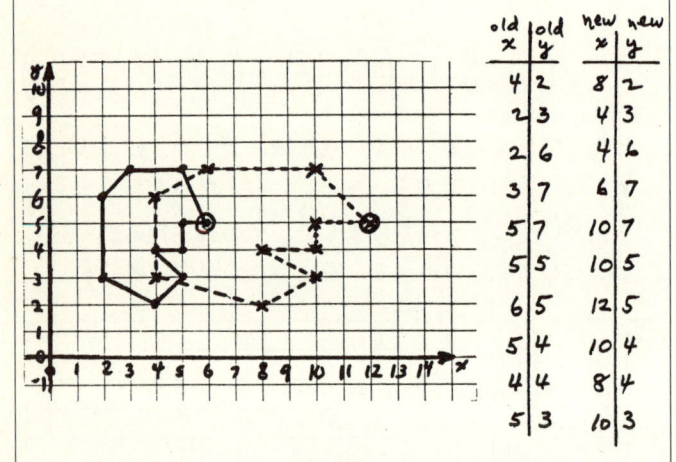

| old x | old y | new x | new y |
|---|---|---|---|
| 4 | 2 | 8 | 2 |
| 2 | 3 | 4 | 3 |
| 2 | 6 | 4 | 6 |
| 3 | 7 | 6 | 7 |
| 5 | 7 | 10 | 7 |
| 5 | 5 | 10 | 5 |
| 6 | 5 | 12 | 5 |
| 5 | 4 | 10 | 4 |
| 4 | 4 | 8 | 4 |
| 5 | 3 | 10 | 3 |

図 8-1

もっと別の行列をつかうと, 絵を拡大したり, つぶしたり, 90度回転させたりすることができました。

## 第8章 セオドアの自由研究

セオドアの行列を使った点の移動は，この章のほかのところで紹介した方法とは違っています。私がセオドアを教えていたのは20年前ですが，そのころ私は（多くの教科書でそうやっているように）座標の点を $\begin{pmatrix} 6 \\ 5 \end{pmatrix}$ のように縦書きにしていました。最近は $\begin{pmatrix} 6 & 5 \end{pmatrix}$ と，横書きにしています。座標の点は $(1, 2)$ と表すのですから，この点を行列で表すときも，$\begin{pmatrix} 1 & 2 \end{pmatrix}$ と書く方が $\begin{pmatrix} 1 \\ 2 \end{pmatrix}$ と書くよりも，子どもにとって混乱が少ないと考えたからです。

セオドアが使った行列で変換するなら座標を横書きにしても，縦書きにしても，結果は同じです。

$$\text{横書き} \quad \begin{pmatrix} 6 & 5 \end{pmatrix} \times \begin{pmatrix} 2 & 0 \\ 0 & 1 \end{pmatrix} = \begin{pmatrix} 12 & 5 \end{pmatrix}$$

$$\text{縦書き} \quad \begin{pmatrix} 2 & 0 \\ 0 & 1 \end{pmatrix} \times \begin{pmatrix} 6 \\ 5 \end{pmatrix} = \begin{pmatrix} 12 \\ 5 \end{pmatrix}$$

ただし，いつでもそうなるとは限りません。たとえば $\begin{pmatrix} 0 & -1 \\ 1 & 1 \end{pmatrix}$ という行列をつかうと，

$$\text{横書き} \quad \begin{pmatrix} 6 & 5 \end{pmatrix} \times \begin{pmatrix} 0 & -1 \\ 1 & 1 \end{pmatrix} = \begin{pmatrix} 5 & -1 \end{pmatrix}$$

ですが，

$$\text{縦書き} \quad \begin{pmatrix} 0 & -1 \\ 1 & 1 \end{pmatrix} \times \begin{pmatrix} 6 \\ 5 \end{pmatrix} = \begin{pmatrix} 1 \\ 11 \end{pmatrix}$$

になります。両方のやりかたでできる像を比べてみましょう。

図8-2は座標を横書きにする方法で犬の絵を動かした図です。

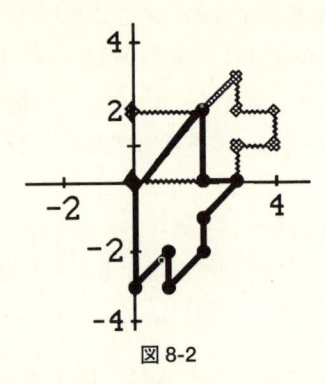

**図 8-2**

そして図8-3は，セオドアと同じように座標を縦書きにする方法で犬を動かしてみたところです。

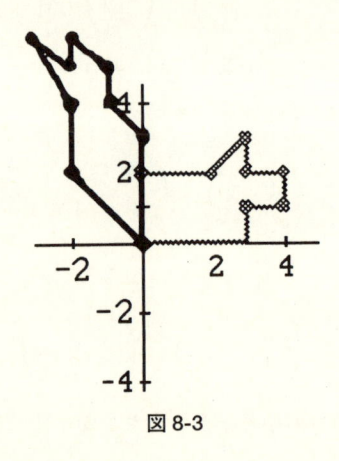

**図 8-3**

## 第8章 セオドアの自由研究

横書きにする方法では,犬を時計回りに90度回してから後ろに傾けています。縦書きにする方法では,時計と反対回りに90度回転させてから前に傾けていますね。

前の章の最初でアンドリーナが見つけた「時計と反対回りに90度回転させる行列」は,

$$\begin{pmatrix} 0 & 1 \\ -1 & 0 \end{pmatrix}$$

でした。ですが,この行列をつかってセオドアのように変形すると,犬は次のように時計回りに90度回転してしまいます(図8-4)。

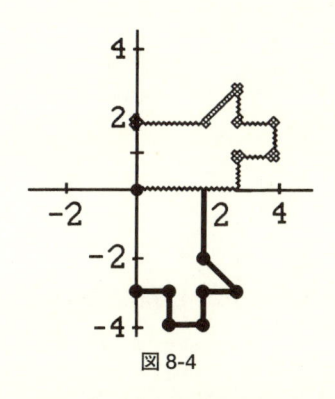

**図 8-4**

この2つのやり方にはどんな関係があるのでしょうか。一般化して考えてみましょう。行列,

$$\begin{pmatrix} A & B \\ C & D \end{pmatrix}$$

をつかって，アンドリーナのやり方で点 $(x,y)$ を動かすとどうなるでしょうか。

$$( x \quad y ) \times \begin{pmatrix} A & B \\ C & D \end{pmatrix} = ( Ax + Cy \quad Bx + Dy )$$

点 $(Ax + Cy, Bx + Dy)$ に動くことがわかります。

一方，セオドアの方法で動かすと，

$$\begin{pmatrix} A & B \\ C & D \end{pmatrix} \times \begin{pmatrix} x \\ y \end{pmatrix} = \begin{pmatrix} Ax + By \\ Cx + Dy \end{pmatrix}$$

点 $(Ax + By, Cx + Dy)$ に動くことがわかります。

もし，セオドアの方法をつかって，アンドリーナと同じ点に動かしたいなら，$B$ と $C$ を交換しなければなりません。つまり，行列の右上と左下を交換して，

$$\begin{pmatrix} A & C \\ B & D \end{pmatrix}$$

をつかえばよいことになります。

日本の高校の教科書では「時計と反対回りに90度回転する行列」は，

$$\begin{pmatrix} 0 & -1 \\ 1 & 0 \end{pmatrix}$$

と書いてあるはずです。これは，正しく書くと，「座標の点を縦書きにしたとき，時計と反対回りに90度回転させる行列」ということになります。

# 第9章 特別な働きをする行列

# 特別な働きを
# する行列

　この章では今までの学習で出会った「特別な働きをする行列」についてまとめをしてみたいと思います。

　全部0からできている行列を零行列といいます。別の行列をとってきて零行列にたしてみてください。変わりませんね。では，かけてみてください。零行列になっちゃいましたね。まるで数字の0みたいでしょう？ $\begin{pmatrix} 0 & 0 \\ 0 & 0 \end{pmatrix}$ で犬

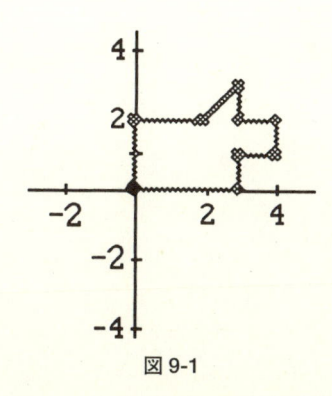

図 9-1

を動かしたらどうなるでしょう。どの点も原点に移動してしまいますから、絵は原点1点につぶれてしまいます（図9-1）。

では数字の1にあたる行列はなんでしょう。どんな数に1をかけても変わらない、というのが数字の1の特徴です。$\begin{pmatrix} 1 & 0 \\ 0 & 1 \end{pmatrix}$がちょうど同じ性質を持っています。この行列をかけても犬は全く変化しません（図9-2）。

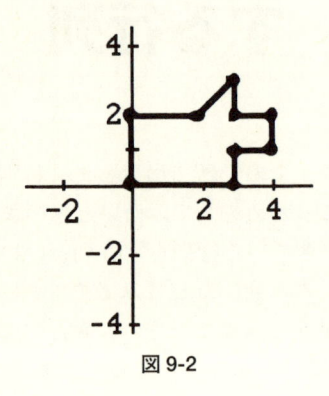

図 9-2

第9章 特別な働きをする行列

　犬を$x$軸を中心にして折り返すにはどの行列を使えばよいでしょうか。$x$の値は変えないまま，$y$の値の正負をひっくり返したいのですね。このときは，$\begin{pmatrix} 1 & 0 \\ 0 & -1 \end{pmatrix}$を使えばよいでしょう（図9-3）。

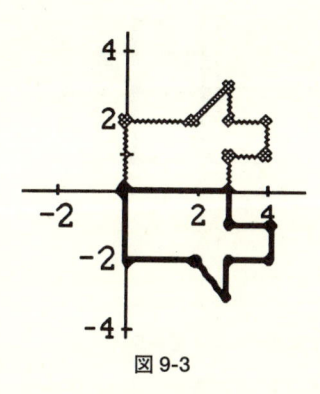

**図 9-3**

　逆に$y$軸を中心に折り返すにはどうしたらよいでしょう。今度は$y$の値を変えずに，$x$の正負をひっくり返すのですよ。それならば，$\begin{pmatrix} -1 & 0 \\ 0 & 1 \end{pmatrix}$を使えばよいですね（図9-4）。

**図 9-4**

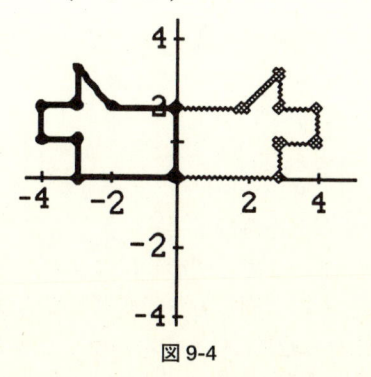

$\begin{pmatrix} 0 & 1 \\ 1 & 0 \end{pmatrix}$ をつかうと,座標の $x$ の値と $y$ の値を交換することができます。この行列をかけると図は直線 $x = y$ を軸にひっくり返ります(図 9-5)。

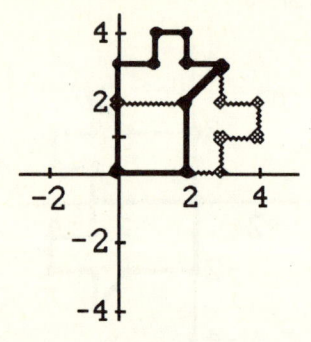

**図 9-5**

関数のグラフを $x = y$ を中心に折り返すと,逆関数のグラフになることを 3 章で勉強しました。行列 $\begin{pmatrix} 0 & 1 \\ 1 & 0 \end{pmatrix}$ をつかったら,関数のグラフを逆関数のグラフに変えることができるのではないでしょうか。たとえば,$3x + 5 = y$ という関数を考えてみましょう。$3x + 5 = y$ を変形すると,

$$3x + 5 = y$$
$$3x = y - 5$$
$$x = \frac{1}{3}y - \frac{5}{3}$$

となりますから,逆関数は $\frac{1}{3}x - \frac{5}{3} = y$ になることがわかります。$3x + 5 = y$ も「図形」にはちがいありませんから,犬を変形したのと同じ方法で変形してみましょう。まず,$3x + 5 = y$ から適当にいくつかの点をとってみます。そ

第9章 特別な働きをする行列

して，$\begin{pmatrix} 0 & 1 \\ 1 & 0 \end{pmatrix}$ をつかって移動させてみましょう。

古い点の座標　　　　　　　新しい点の座標

$$( 0 \quad 5 ) \begin{pmatrix} 0 & 1 \\ 1 & 0 \end{pmatrix} = ( 5 \quad 0 )$$

$$( -1 \quad 2 ) \begin{pmatrix} 0 & 1 \\ 1 & 0 \end{pmatrix} = ( 2 \quad -1 )$$

$$( -2 \quad -1 ) \begin{pmatrix} 0 & 1 \\ 1 & 0 \end{pmatrix} = ( -1 \quad -2 )$$

$$( -2.5 \quad -2.5 ) \begin{pmatrix} 0 & 1 \\ 1 & 0 \end{pmatrix} = ( -2.5 \quad -2.5 )$$

新しい点をつなぐと $x = y$ を中心にしてひっくり返した図形ができるはずです（図9-6）。

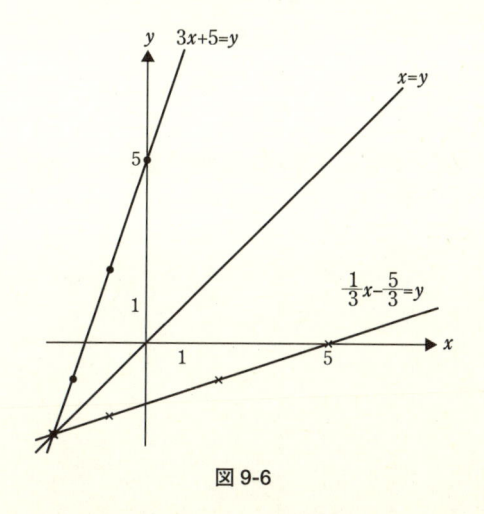

**図 9-6**

つまり，$3x+5=y$ の逆関数のグラフになるはずですね。どうですか？ $\frac{1}{3}x-\frac{5}{3}=y$ のグラフと一致しているでしょうか。

アンドリーナとウィリアムが7章で調べたように，図を「つぶしてしまう」行列はひとつとは限りません。たとえば，$\begin{pmatrix} 1 & 1 \\ 0 & 0 \end{pmatrix}$ もそのひとつです（図9-7）。

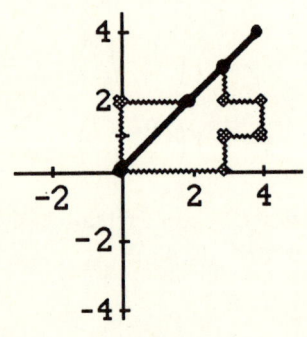

**図 9-7**

どの点がどこへ移動するか，古い点と新しい点を線でつないで，その様子を調べてみるとおもしろいですね。結果は同じ直線になっていても，行列が違うと，点の移動のし方は違いますね。

第9章 特別な働きをする行列

図を傾ける行列もいろいろあります。前へ傾ける行列もあれば、後ろに傾けるものもあります。$\begin{pmatrix} 1 & 0 \\ 1 & 1 \end{pmatrix}$という行列をつかうと、図9-8のように犬は45度前に傾きます。

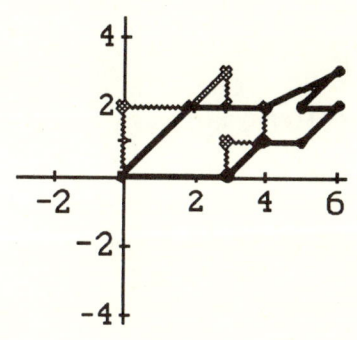

図 9-8

こういった変化は自然界でごくごく日常的に起こるものです。たとえば、熱した金属に圧力をかける、とか、地殻変動で地層やその中に埋まっている化石がよじれる（写真9-1）、

写真 9-1

といった場合です。その様子をコンピュータグラフィックスで再現するときなど，こういう行列の変換は役に立つでしょう。図9-8でもアンドリーナの図7-8（73ページ）の行列でも犬は前屈みになっています。それはなぜでしょう。犬を後ろにそっくり返らせるにはどんな行列を使えばいいかな？

さて，皆さんは虚数という数のことをご存知ですか。前著『アメリカ流7歳からの微分積分』で，お話ししましたが，少しおさらいしてみましょう。

2乗するとちょうど$-1$になる数はありますか。$x^2 = -1$が成り立つような$x$のことですよ。$-1$はどうでしょう？$(-1) \times (-1) = 1$になってしまいますから，違いますね。数直線上にある数は2乗すると正の数になってしまいますから，そんな数は「ない」とも言えます。でも，2乗すると$-1$になる，ということを表せたら便利なことがたくさんあるので，$i$という記号をつかって，$i^2 = -1$と表すことにしましょう。この$i$を虚数とよびます。$i$は数直線上にはない数なので，1と$i$とどっちが大きいか？　と聞かれても困ります。また，$i + i = 2i$とまとめることができますが，$i + 1$は$i + 1$のままで，ほかには書きようがありません。$i + 1$のように$i$をつかって表した数を複素数とよびます。$1 + i^5 + i^3 + i + 3$のように$i$と普通の数字が混じって出てくるような複素数は$i$がつくところと，$i$が出てこないところと，2つに分けて書くことができます。$i$は2回かけると$-1$になるので，4回かけると1に戻ります。

$$1 + i^5 + i^3 + i + 3 = 1 + i^4 \times i + i^2 \times i + i + 3$$
$$= 1 + 1i + (-1)i + i + 3 = 4 + i$$

第 9 章 特別な働きをする行列

　これ以上はまとめることはできません。複素数はいつでも，$A+Bi$ という形に直すことができます。

　複素数を $A+Bi$ と表すと，2つの数 $A$ と $B$ とが出てきます。$(A, B)$ を座標の上に置いてみましょう。たとえば，$1+2i$ の座標上の点は $(1, 2)$ になります。さて，では，複素数の計算と行列，それから，行列を使った点の移動にはどんな関係があるか興味ありませんか？

　$\begin{pmatrix} 0 & 1 \\ -1 & 0 \end{pmatrix}$ という行列が図を時計と反対回りに 90 度回転させることを 7 章の最初でお話ししました（図 9-9）。

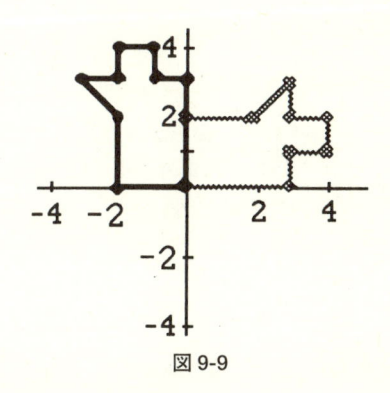

図 9-9

　90 度回転させる，を 2 回続けて行うと，180 度回転させる，ということになり，4 回続けて行うと，元の図に戻る，ことをアンドリーナはつきとめました。4 回かけると，元にもどる……。ムム，どこかで聞いたことのある話ですねえ。複素数 $1+2i$ を座標上に表した点 $(1, 2)$ を原点を中心として，時計と反対回りに 90 度回転した点は何になるでしょう？（図 9-10）

**図 9-10**

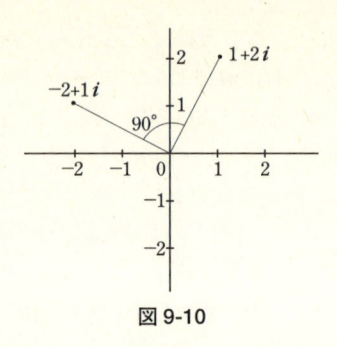

(−2, 1) ですね。これを複素数に戻すと −2 + i です。

$$-2 + 1i = 1i + (-2) = 1i + 2 \times i^2 = i \times (1 + 2i)$$

つまり、この点は 1 + 2i に i をかけた数なのです。これを行列で表現すると、次の式のようになります。

$$\begin{pmatrix} 1 & 2 \end{pmatrix} \times \begin{pmatrix} 0 & 1 \\ -1 & 0 \end{pmatrix} = \begin{pmatrix} -2 & 1 \end{pmatrix}$$

では、もう 1 回この行列をかけるとどうなるでしょう？そのとき、どんな複素数になるか予想しましょう。それは、元の複素数にどんな数をかけたのと同じになりますか？

時計回りに 90 度回転させる行列はどんな行列ですか？その行列をかけたとき、どんな複素数になるか予想しましょう。それは元の複素数にどんな数をかけたのと同じになりますか？

図を時計と反対回りに 60 度回転させる行列を探してみましょう。

# 10 ぺしゃんこにしてしまう行列たち

犬の絵を行列をつかって変形させると犬はどんな形になったか，もう一度おさらいしてみましょう。犬はぐるぐる回転したり，小さくなったり，逆に大きくなったりしました。

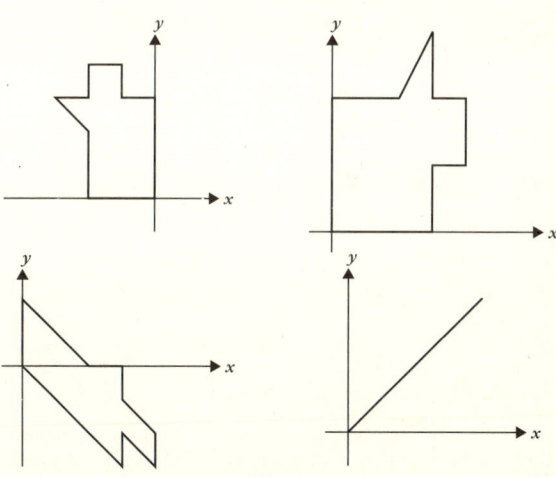

図 10-1

ダックスフントみたいに長くなったり、キリンみたいに背高ノッポになったこともありました。ときには斜めにひしゃげたり、そう、ぺしゃんこになってしまうことだってありましたね（図10-1）。

この章ではとくに、図をぺしゃんこにしてしまう行列の性質について考えてみましょう。今まで出てきた行列の中で、犬をつぶしてしまったのはどんな行列だったか書き出してみましょう。何かわかることがあるかもしれません。

$$\begin{pmatrix} 1 & 1 \\ 0 & 0 \end{pmatrix}, \begin{pmatrix} 1 & 0 \\ 1 & 0 \end{pmatrix}, \begin{pmatrix} -1 & 1 \\ 0 & 0 \end{pmatrix}, \begin{pmatrix} 0 & 0 \\ 0 & 0 \end{pmatrix}$$

0が縦に並んだり、横に並んだりしていますね。そういうときはいつでも絵はつぶれちゃうのかな？ 少し試してみましょう。

$$\begin{pmatrix} 2 & -3 \\ 0 & 0 \end{pmatrix}$$

はどうですか？

やっぱり、犬はつぶれちゃいましたね（図10-2）。

第 10 章　ぺしゃんこにしてしまう行列たち

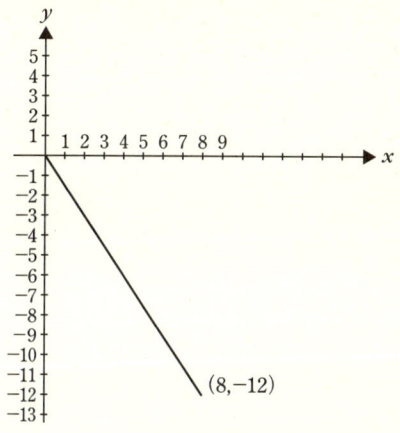

**図 10-2**

どうしてかな？　1 行目に 0 が並んでいるような行列 $\begin{pmatrix} 0 & 0 \\ C & D \end{pmatrix}$ を考えてみましょう。この行列をかけると，点 $(x, y)$ はどこに移動するかな？

$$( x \quad y ) \times \begin{pmatrix} 0 & 0 \\ C & D \end{pmatrix} = ( Cy \quad Dy )$$

になるね。$x$ や $y$ にいろいろな値を入れて，$(Cy, Dy)$ がどこへ行くのか調べてみましょう（表 10-1）。

| y \ x | −2 | −1 | 0 | 1 | 2 |
|---|---|---|---|---|---|
| −2 | (−2C,−2D) | (−2C,−2D) | (−2C,−2D) | (−2C,−2D) | (−2C,−2D) |
| −1 | (−C,−D) | (−C,−D) | (−C,−D) | (−C,−D) | (−C,−D) |
| 0 | (0,0) | (0,0) | (0,0) | (0,0) | (0,0) |
| 1 | (C,D) | (C,D) | (C,D) | (C,D) | (C,D) |
| 2 | (2C,2D) | (2C,2D) | (2C,2D) | (2C,2D) | (2C,2D) |

**表 10-1**

パターンがわかりましたか？ $(Cy, Dy)$ を座標平面上に書き込んでみると，どんなことになるでしょう（図 10-3）。

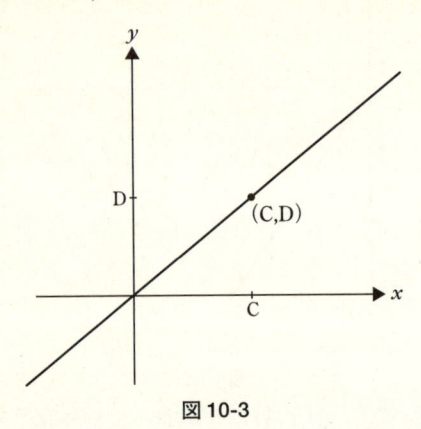

```
       y
       |         /
       |        /
       |       /
     D |----・(C,D)
       |    /|
       |   / |
       |  /  |
       | /   |
-------+-----+-------→ x
      /|     C
     / |
```

**図 10-3**

$C$ や $D$ の値が違うと傾きは違ってくるけど，直線になりましたね。どんな点 $(x, y)$ もこの直線の上にきちゃうっていうことは、当然犬もこの直線上にきちゃうっていうことになりますね。

もし一列目に 0 が並んでいたらどうでしょう。

$$\begin{pmatrix} x & y \end{pmatrix} \times \begin{pmatrix} 0 & B \\ 0 & D \end{pmatrix} = \begin{pmatrix} 0 & Bx + Dy \end{pmatrix}$$

点 $(0, Bx + Dy)$ は $y$ 軸上の点ですね。だったら，犬はつぶれて $y$ 軸に重なってしまうはずです。

第 10 章　ぺしゃんこにしてしまう行列たち

では，ここで問題。0 がどの列にも行にも並んでいないのに，犬がつぶれちゃうような行列はあるかな？　探してみましょう。

ここでストップ。いくつか行列を試してみよう。


0 は並んではいけないので，1 を並べてみましょうか。

$$\begin{pmatrix} 1 & 1 \\ 1 & 1 \end{pmatrix}$$

こんな行列はどうですか？　0 はちっとも入っていませんよ。

みごとにつぶれちゃいましたね（図 10-4）。

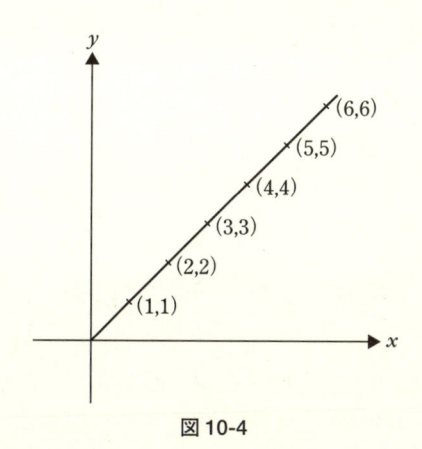

**図 10-4**

一体どうしてなんでしょう？ さきほどのように，点が動く様子を式で表してみましょう。

$$( \begin{array}{cc} x & y \end{array} ) \times \begin{pmatrix} 1 & 1 \\ 1 & 1 \end{pmatrix} = ( \begin{array}{cc} x+y & x+y \end{array} )$$

点 $(x+y, x+y)$ を座標平面上に書き込んでみます。直線 $x=y$ になってしまいました。

さあ，ここでちょっと難しい問題。行列が絵をつぶすかどうか，前もってわかる方法はないかな？ 誰かが「0が並んでいるかどうかを見る」って言ったのが聞こえたよ。うん。それはいい方法だね。でも完璧じゃない。だって，$\begin{pmatrix} 1 & 1 \\ 1 & 1 \end{pmatrix}$ も絵をつぶしちゃうのですから。

6章で登場したていこはこんなことを言いました。「犬をつぶすときは正方形もつぶすんじゃないかな」って。そうだ。そうでしたね。

もう一度おさらいしてみましょう。面積1の正方形は行列 $\begin{pmatrix} A & B \\ C & D \end{pmatrix}$ で変形させると，どうなるんでしたっけ？ 61ページを見てください。

$$(A+C) \times (B+D) - BC - BC$$
$$-\frac{1}{2}AB - \frac{1}{2}AB - \frac{1}{2}CD - \frac{1}{2}CD$$
$$= AD - BC$$

面積がちょうど $(AD-BC)$ の平行四辺形になるのでしたね。この正方形がつぶれる，としたら，面積は0になるはずです。つまり，

## 第10章 ぺしゃんこにしてしまう行列たち

$$AD - BC = 0$$
$$AD = BC$$

になっているはずです。調べてみましょう。

$\begin{pmatrix} 1 & 1 \\ 1 & 1 \end{pmatrix}$ の $(AD-BC)$ は何になりますか？ $1 \times 1 - 1 \times 1 = 0$ ですね。

では，$AD-BC=0$ になるような行列をいくつか作って，ちゃんと犬がつぶれるか，調べてみてください。

$$\begin{pmatrix} 1 & -1 \\ -1 & 1 \end{pmatrix}, \begin{pmatrix} 1 & 2 \\ 1 & 2 \end{pmatrix}$$

どうでしたか？ やっぱり犬はつぶれたでしょうか？

# 11

# 逆行列をみつけよう

　7章でアンドリーナが出した「逆行列を簡単に見つけ出すにはどうしたらいいか？」という問題を，この章でじっくり考えてみたいと思います。

　アンドリーナが発見したことをもう一度整理してみましょう。図を行列をつかって変化させたとします。この行列を $\begin{pmatrix} A & B \\ C & D \end{pmatrix}$ として，もし，

$$\begin{pmatrix} A & B \\ C & D \end{pmatrix} \times \begin{pmatrix} w & x \\ y & z \end{pmatrix} = \begin{pmatrix} 1 & 0 \\ 0 & 1 \end{pmatrix}$$

がちょうど成り立つような行列 $\begin{pmatrix} w & x \\ y & z \end{pmatrix}$ が見つかれば，これが $\begin{pmatrix} A & B \\ C & D \end{pmatrix}$ の逆行列になるのでしたね。さて，どうやれば $w, x, y, z$ という4つの数を探し出すことができるでしょうか。とりあえず，この行列の計算を普通の式に直してみましょう。

第 11 章　逆行列をみつけよう

$$Aw + By = 1 \tag{式 11.1}$$
$$Ax + Bz = 0 \tag{式 11.2}$$
$$Cw + Dy = 0 \tag{式 11.3}$$
$$Cx + Dz = 1 \tag{式 11.4}$$

4つの式が現れました。$A, B, C, D$ はわかっている数です。これをつかって，わからない数 $w, x, y, z$ を求めるんですよ。(式 11.1) と (式 11.3) を並べてよく見てごらんなさい。この2つをうまくつかって，$y$ を求めることはできませんか？まず，(式 11.1) の両辺に $-C$ をかけてみます。すると，

$$-ACw + (-BCy) = -C$$

という式が出てきますね。今度は (式 11.3) に $A$ をかけてみます。すると，

$$ACw + ADy = 0$$

という式が出ました。2つの式の両辺をたし合わせたらどうなるでしょう。

$$\{ACw + (-ACw)\} + \{ADy + (-BCy)\} = -C$$
$$ADy - BCy = -C$$
$$(AD - BC)y = -C$$
$$y = \frac{-C}{AD - BC}$$

この式の右側に出てくる文字は全部わかっている数です。これで $y$ の値がわかりました。これを (式 11.3)，あるいは (式 11.1) に代入すれば，$w$ の値もわかるはずですね。やっ

てみましょう。

$$Cw + D(\frac{-C}{AD - BC}) = 0$$

$$Cw - \frac{DC}{AD - BC} = 0$$

$$Cw = \frac{DC}{AD - BC}$$

$$w = \frac{1}{C} \times \frac{DC}{AD - BC}$$

$$w = \frac{D}{AD - BC}$$

これで $w$ の値もわかりました。

さて,同じようにして $x$ と $z$ の値も出してみましょう。まず,(式11.2) の両辺に $-D$ をかけてみます。

$$-ADx + (-BDz) = 0$$

次に (式11.4) の両辺に $B$ をかけてみましょう。

$$BCx + BDz = B$$

2つの式をたし合わせてみます。

$$(-ADx + BCx) + (-BDz + BDz) = B$$

$$(-AD + BC)x = B$$

$$x = \frac{B}{-AD + BC}$$

$$= \frac{-B}{AD - BC}$$

これが $x$ の値です。(式11.2) に代入してみましょう。

第 11 章 逆行列をみつけよう

$$A(\frac{-B}{AD-BC}) + Bz = 0$$

$$Bz = -(A\frac{-B}{AD-BC})$$

$$Bz = \frac{AB}{AD-BC}$$

$$z = \frac{1}{B} \times \frac{AB}{AD-BC}$$

$$= \frac{A}{AD-BC}$$

こうして，$w=\frac{D}{AD-BC}$, $x=\frac{-B}{AD-BC}$, $y=\frac{-C}{AD-BC}$, $z=\frac{A}{AD-BC}$ という4つの値すべてがわかりました。行列の形に戻してやりましょう。

$$\begin{pmatrix} w & x \\ y & z \end{pmatrix} = \begin{pmatrix} \frac{D}{AD-BC} & \frac{-B}{AD-BC} \\ \frac{-C}{AD-BC} & \frac{A}{AD-BC} \end{pmatrix}$$

$w, x, y, z$ が上のような値をとったとき，

$$\begin{pmatrix} A & B \\ C & D \end{pmatrix} \times \begin{pmatrix} w & x \\ y & z \end{pmatrix} = \begin{pmatrix} 1 & 0 \\ 0 & 1 \end{pmatrix}$$

となることがわかったわけです。本当にそうなるかどうか確かめてみます。まず，最初の行列の1行目と2つめの行列の1列目をかけてみます。1になっているか確かめてみてください。

$$\frac{AD}{AD-BC} + \frac{-BC}{AD-BC} = \frac{AD-BC}{AD-BC} = 1$$

よかった。ちゃんとそうなりましたね。

ここで、ひとつ困ったことがあります。もし、$w = \dfrac{D}{AD-BC}$, $x = \dfrac{-B}{AD-BC}$, $y = \dfrac{-C}{AD-BC}$, $z = \dfrac{A}{AD-BC}$ の分母が0だったらどうします？ 0でわるとどうなるんだろう？ 誰かわかる人はいますか？ 0になる、っていう声が聞こえたよ。本当かな？

こんな風に、今まで一度も考えたことがないことを考えるときに、いい方法があります。まずは、「わる」ってなんだか、思い出してみること。あとは、試してみること。「6わる3が2」だっていうことは、みんな知っているね。それはどういう意味？ 「6の中に3がいくつ入っているかな？」っていうことだよね。その答えはどうして2になるんだろう？

3が2つあったら、

$$3 \times 2 = 6$$

になるからでしょう。同じように「6わる0」がいくつになるか考えてみましょうね。6の中に0はいくつあるかな。0はいくらたくさんあっても、

$$0 \times (ものすごくたくさん) = 0$$

0のまま。図11-1は $6 \div x = y$ のグラフです。

$x$ が0に近づくとグラフはどんどん大きくなって、紙からはみ出して、それでもまだどんどん大きくなってしまいます。つまり、6わる0の答えは出せない。どんなに大きな数でも6わる0の答えにはなれないんですね。わり算はどんな数同士でもできるわけじゃない。0でわることはできない仕組みになっているのです。

第 11 章　逆行列をみつけよう

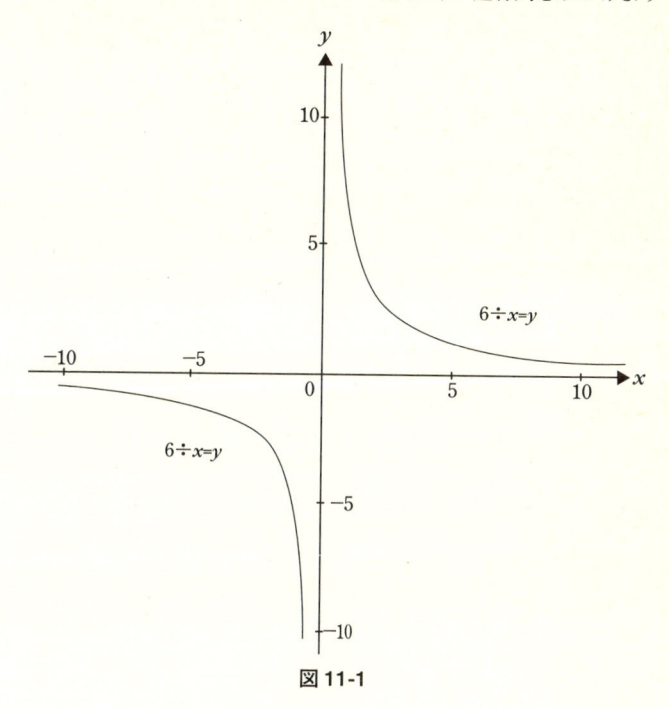

**図 11-1**

　さて，問題になった分母に注目してみます。みんな $(AD-BC)$ になっています。ちょっと，待って。$(AD-BC)$？ どこかで見覚えがあるような……。

　皆さんは，$(AD-BC)$ がどこにでてきたか，思い出せましたか？　そう。6章の，面積の話のところです。$\begin{pmatrix} A & B \\ C & D \end{pmatrix}$ という行列をかけたら，面積1の正方形は面積 $(AD-BC)$ の平行四辺形になるって書いてありますよ。

　どう関係があるのかな？

$AD - BC = 0$ になったら,面積1の正方形は面積0の図形に変形されます。面積0の図形ってどんな図形だったかな?

そう。ぺしゃんこな図形でしたね。謎なのは,この2つのことがらの関係です。

どうして,変形して絵がぺしゃんこになるとき,逆行列が計算できないんでしょうか。

次の章でゆっくり考えてみましょう。

# 12 どんなとき犬は元にもどらないか

　前の章の最後の疑問，絵がぺしゃんこになることと逆行列が計算できないことに，どんな関係があるのかを考えてみましょうね。こういう謎を解決する時，腕利きの探偵ならどうすると思います？　まず，関係者がどんな人物か調べてみるんじゃないでしょうか。まず，逆行列がどういう「人物」だったか，箇条書きにまとめてみましょう。

1. 行列で図を変形したとき，できた図を逆行列でもう一度変形すると，元の図に戻る。
2. 逆行列と元の行列をかけると $\begin{pmatrix} 1 & 0 \\ 0 & 1 \end{pmatrix}$ になる。
3. $AD - BC = 0$ のとき，逆行列を計算できない。

「変形したものが，元に戻る」，ですって？　どこかで聞いた話だぞ，と思ったあなたは名探偵の素質が十分ありますよ。3章の魔術師のところを開いてみましょう。魔術師が「アブラカダブラ」というと，女の子が緑のカエルに，そして「ラブダカラブア」と言えば，こんどは緑のカエルを女

の子に変えられる。だから,「アブラカダブラ,ラブダカラブア」と続けて言えば,女の子は一度カエルになって,また女の子に戻るんでしたね。だったら,こうは考えられないかな？ 行列をかけることも関数なら,逆行列は元の行列の逆関数だ,って。

3章の魔術師の話をもう少し先まで読んでみましょう。「テクマクマヤコン」という呪文のところですよ。男の子も女の子もネズミになってしまったら,元には戻す方法が見つからなかったのでしたね。つまり,「テクマクマヤコン」には逆関数がないっていうことです。もう少し,具体的に考えてみましょう。アンドリーナが犬がぺしゃんこになった様子を図に描き込んでくれていたでしょう？ 図7-5（67ページ）ですよ。行列 $\begin{pmatrix} -1 & 1 \\ 0 & 0 \end{pmatrix}$ をつかうと,犬はこんな風に変化しました。点4と点5は$(-4, 4)$へ,点2, 3, 6, 7は$(-3, 3)$へ,点8は$(-2, 2)$へ,点1と点9は原点に移ったのでしたね。きれいに描き直したのが図12-1です。もし,この行列

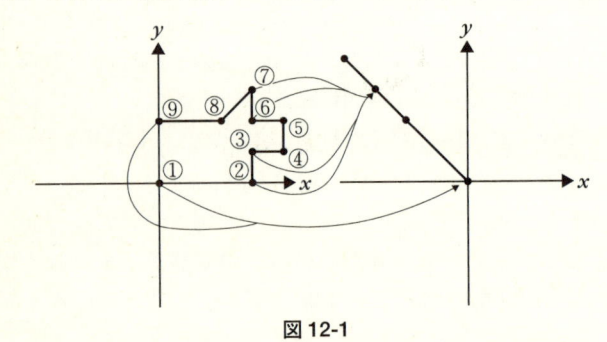

**図 12-1**

## 第12章 どんなとき犬は元にもどらないか

に逆行列があった, と仮定しましょう。その行列は原点をどこへ戻すべきだとあなたは思いますか？ 点1だと思う人は？ そうですよね。点1は原点に移動したのだから, 逆行列によって原点は点1に行ってくれないと, 元の絵には戻りません。このとき, 点9はどうなるでしょう。点9も原点に移動しました。原点が点1に移動するように逆行列を決めたとしたら, 点9はどうすればいいのでしょう？

「テクマクマヤコン」と同じことが起こってしまいます。まとめてみましょう。行列が図をつぶすとき, いくつもの点がひとつの点に移動します。そういうことが起きてしまうと, もう図を元に戻すことはできません。どこへ戻せばいいのかわからなくなってしまうからです。だから逆行列を求めることができないのです。そして, 行列が図をつぶすとき, 面積1の正方形も同時につぶします。すると, 面積は0になってしまいます。式にすると $AD - BC = 0$ です。$(AD - BC)$ が逆行列を求める公式の分母に出てきたのは決して偶然ではなかったのですね。

# 13

# ぐるぐるまわれ！

7章でアンドリーナは犬を90度回転する行列を見つけ出しました。

$$\begin{pmatrix} 0 & 1 \\ -1 & 0 \end{pmatrix}$$

これを2つあるいは3つかけあわせることで180度，270度回転する行列がそれぞれ，

$$\begin{pmatrix} -1 & 0 \\ 0 & -1 \end{pmatrix}, \begin{pmatrix} 0 & -1 \\ 1 & 0 \end{pmatrix}$$

になることがわかります。でも，もう少し微妙に回転したい時はどうしたらいいでしょう。たとえば，45度とか120度とか。

10歳のスーアンちゃんはこんな風にはじめました(図13-1)。まず，3時のところを基準にしましょう。ここを，角度0度とします。次に，時計とは逆回りに30度ずつ回転しな

第13章　ぐるぐるまわれ！

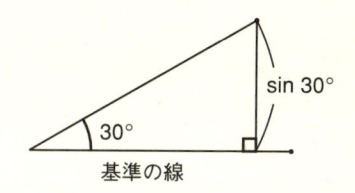

**図 13-1**

がら, 印を打っていきます。それから, 印と印のちょうど真ん中にも印を打っていきます。これで, 15度ずつ印がつきました。全部で印は24になったはずです。私はここで, スーアンに,「この円の半径は1だと思うことにしよう」と言いました。それから, 0度と180度の印を結んで, 横の線を描き入れ, 次に90度と270度の印を結んで縦の線を描き入れました。さて, ちょっと新しいことをしますよ。30度の印から, 横の線に直角に線をおろします。「この線の長さをサイン30°（sin 30°）とよぼう。ほかの印のところからも同じように線をひいて, サインを求めてみよう。ただし, 横

の線より印が上にあったらプラス,下にあったらマイナスをつけることにするんだよ」。この先は,スーアンが自分の言葉で語ってくれます。

　私がコーエン先生のところで,サインのことを初めて習ったのは1984年の1月でした。まずは,どの角度のところに印をつけたか,ノートに書き留めることから始めました。コーエン先生は私にサイン30°をどうやって求めるかを教えてくれました。それで,ほかのサインは私が調べてみることにしました。でも,少しすると,全部のサインを調べなくてもいいことがわかってきました。なぜって,いくつかは同じか,プラスとマイナスをひっくり返しただけだったので。たとえば,$\sin 60°$と$\sin 120°$は等しくなります。それを書き出したのが表13-1です。

| | |
|---|---|
| $\sin 60° = \sin 120°$ | $\sin 30° = \sin 150°$ |
| $\sin 30° = -\sin 330°$ | $\sin 15° = \sin 165°$ |
| $\sin 45° = -\sin 315°$ | $\sin 10° = \sin 170°$ |
| $\sin 75° = -\sin 285°$ | $= \sin(180° - 10°)$ |
| $\sin 90° = -\sin 270°$ | $\sin 5° = \sin(180° - 5°)$ |

表 13-1

　それで,私は$\sin A = \sin(180° - A)$になる,っていうことに気づきました。コーエン先生は「半径は1だと思うことにしよう」と言いました。でも,測ってみると半径は46mmでした。だから,縦の線の長さをはかったものを46でわってサインを求めることにしました。たとえば,30度のサインは23mmわる46mmで大体0.5になる,という具合に。電卓をつかって計算して,表にしました(表13-2)。

第13章 ぐるぐるまわれ！

| $x$ | sin of $x$ | $x + 60°$ | $\sin(x+60°)$ |
|---|---|---|---|
| 0° | 0.00 | 60° | 0.87 |
| 30° | 0.50 | 90° | 1.00 |
| 60° | 0.87 | 120° | 0.87 |
| 90° | 1.00 | 150° | 0.50 |
| 120° | 0.87 | 180° | 0.00 |
| 150° | 0.50 | 210° | −0.50 |
| 180° | 0.00 | 240° | −0.87 |
| 210° | −0.50 | 270° | −1.00 |
| 240° | −0.87 | 300° | −0.87 |
| 270° | −1.00 | 330° | −0.50 |
| 300° | −0.87 | 360° | 0.00 |
| 330° | 0.50 | 390° | 0.50 |
| 360° | 0.00 | 420° | 0.87 |

表 13-2

　この結果をグラフ用紙に描き込むと，サインのグラフができあがります。横軸に角度を，縦軸にサインの値をとっています（図 13-2）。もしも，このグラフを左に 60 度分ずらす

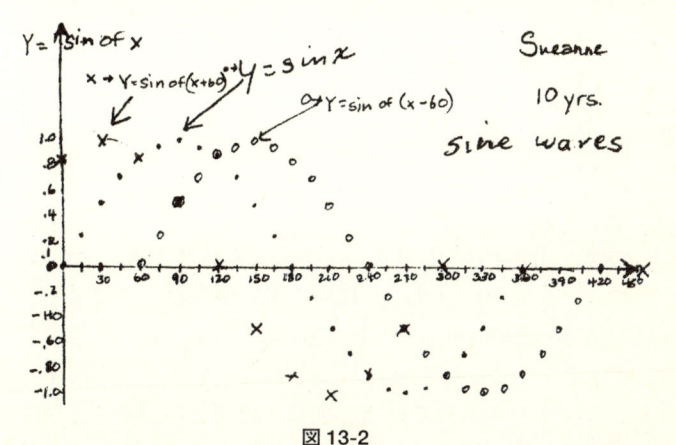

図 13-2

と，どうなるかを考えてみました。このとき，$x$に60度をたしたら，もとのグラフに重なるから，これは$\sin(x+60°)$のグラフだということがわかります。表に$x+60°$がどうなるかを書き入れて，それからサインを書きました。グラフは×印で表してあります。グラフを右に60度分ずらすには$x$から60度ひかないといけません。これが$\sin(x-60°)$になります。このグラフは○印で表しました。

　うーむ。スーアンは素晴らしい仕事をしてくれましたね。では，スーアンの表を元にして，少し観察をしてみましょう。

$$\sin 0° = \frac{\sqrt{0}}{2} = 0.0$$

$$\sin 30° = \frac{\sqrt{1}}{2} = 0.5$$

$$\sin 45° = \frac{\sqrt{2}}{2} = 0.707\cdots$$

$$\sin 60° = \frac{\sqrt{3}}{2} = 0.866\cdots$$

$$\sin 90° = \frac{\sqrt{4}}{2} = 1.0$$

なんてわかりやすいパターンなんでしょう。小数で覚えるのは大変ですが，こうやって分数で覚えれば簡単ですね。

　スーアンは次にコサインについても調べました（ノートは残っていませんが）。サインを求めるには円の上の点から$x$軸にまっすぐに線を下ろしてその長さを測って求めました。コサインを求めるには，逆に，円周上の点から$y$軸までの距離を測ります。

ただし，点が原点より右側に来ていたらプラスとし，左側だったらマイナスと考えます。図 13-3 は $\cos 30°$ と $\cos 60°$ を求めているところです。ここで，注意して見てください。

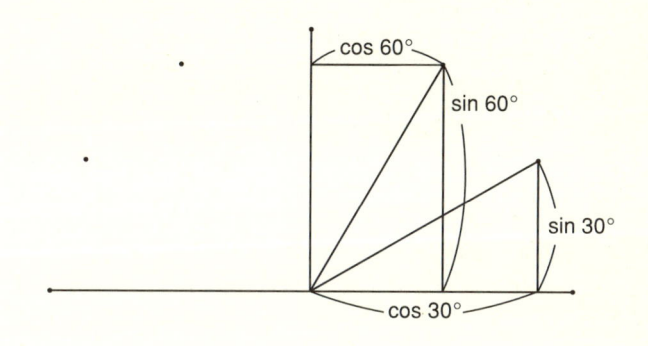

**図 13-3**

$\cos 30°$ は $\sin 60°$ と等しいですね。もし，ふたつの角度をたすと 90 度になるなら，そのサインとコサインは等しくなるのです。

コサインは 90 度から 270 度の間（第 2，第 3 象限）ではマイナスの値をとり，0 度から 90 度までの間と 270 度から 360 度までの間（第 1，第 4 象限）ではプラスになります。0 度から 360 度までの間の主なサインとコサインの値を表にすると次のようになります（表 13-3）。

| $x$ | $\sin x$ | $\cos x$ | $x$ | $\sin x$ | $\cos x$ |
|---|---|---|---|---|---|
| 0 | 0 | 1 | 180 | 0 | $-1$ |
| 30 | $1/2 = .5$ | $\sqrt{3}/2 = .87$ | 210 | $-1/2 = -.5$ | $-\sqrt{3}/2 = -.87$ |
| 45 | $\sqrt{2}/2 = .71$ | $\sqrt{2}/2 = .71$ | 225 | $-\sqrt{2}/2 = -.71$ | $-\sqrt{2}/2 = -.71$ |
| 60 | $\sqrt{3}/2 = .87$ | $1/2 = .5$ | 240 | $-\sqrt{3}/2 = -.87$ | $-1/2 = -.5$ |
| 90 | 1 | 0 | 270 | $-1$ | 0 |
| 120 | $\sqrt{3}/2 = .87$ | $1/2 = -.5$ | 300 | $-\sqrt{3}/2 = -.87$ | $1/2 = .5$ |
| 135 | $\sqrt{2}/2 = .71$ | $-\sqrt{2}/2 = -.71$ | 315 | $-\sqrt{2}/2 = -.71$ | $\sqrt{2}/2 = .71$ |
| 150 | $1/2 = .5$ | $-\sqrt{3}/2 = -.87$ | 330 | $-1/2 = -.5$ | $\sqrt{3}/2 = .87$ |
|  |  |  | 360 | 0 | 1 |

**表 13-3**

サインの値の動きを見てみると,まず角度が0度の時,値は0から始まります。そして,90度に向かうにつれて大きくなり,1に達します。それから,減り続けて,180度になると0に戻ります。コサインは1からスタートして減り続け,90度の時に0になります。さらに減り続けて,180度のとき−1になります(図13-4)。

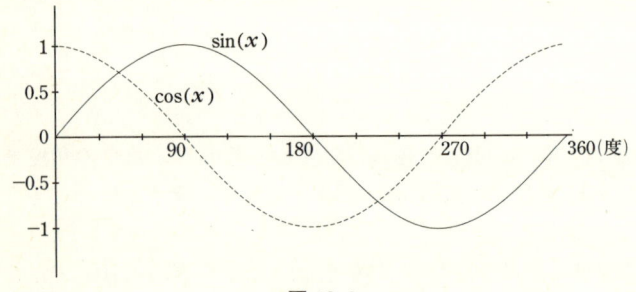

**図 13-4**

## 第13章 ぐるぐるまわれ！

さて，行列でしたね。90度，時計と逆回りに回転させる行列は，

$$\begin{pmatrix} 0 & 1 \\ -1 & 0 \end{pmatrix}$$

ここで，$\cos 90° = 0$ で $\sin 90° = 1$ ですから，これは，次のように書き直すことができます。

$$\begin{pmatrix} \cos 90° & \sin 90° \\ -\sin 90° & \cos 90° \end{pmatrix}$$

この書き方は，ほかの回転の時にも通用するかな？ 試してみましょう。アンドリーナは180度回転する行列は，

$$\begin{pmatrix} -1 & 0 \\ 0 & -1 \end{pmatrix}$$

だということを発見していました。これは，

$$\begin{pmatrix} \cos 180° & \sin 180° \\ -\sin 180° & \cos 180° \end{pmatrix}$$

に一致しますね。では，どうして，こうなるか，考えてみましょう。

2つの点 $(1,0)$ と $(0,1)$ を考えます。これを $\theta$ だけ回転すると，どこへ移動するか，それをまず調べてみましょう。

そう, $(1,0)$ は $(\cos\theta, \sin\theta)$ へ移動しますね (図 13-5)。$(0,1)$ の方が少し難しいから注意して。そうですね。$(\cos(90°+\theta),$

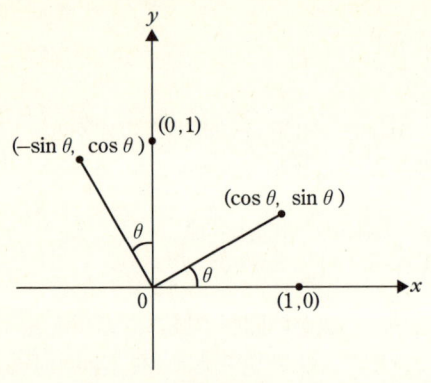

**図 13-5**

$\sin(90°+\theta))$ に移動する。ところで, $\cos(90°+\theta)$ は $-\sin\theta$ に, $\sin(90°+\theta)$ は $\cos\theta$ になるはずですから, この点は $(-\sin\theta, \cos\theta)$ とも表すことができます。まとめてみます。

$$\begin{pmatrix} 1 & 0 \end{pmatrix} \begin{pmatrix} A & B \\ C & D \end{pmatrix} = \begin{pmatrix} \cos\theta & \sin\theta \end{pmatrix} \quad (式 13.1)$$

$$\begin{pmatrix} 0 & 1 \end{pmatrix} \begin{pmatrix} A & B \\ C & D \end{pmatrix} = \begin{pmatrix} -\sin\theta & \cos\theta \end{pmatrix} \quad (式 13.2)$$

この 2 つの式を解いてみてください。

$$\begin{pmatrix} A & B \\ C & D \end{pmatrix} = \begin{pmatrix} \cos\theta & \sin\theta \\ -\sin\theta & \cos\theta \end{pmatrix} \quad (式 13.3)$$

になるでしょう！[1]

---

[1] 日本の高校の教科書との違いに気づいた人は 8 章を読んでみてください。

## 第13章 ぐるぐるまわれ！

回転行列をつかって，おもしろいことをしてみましょう。これで，$x = y$ のグラフを45度時計と反対回りに回転させるとどういうグラフになるでしょうか？ 45度回転行列は，

$$\begin{pmatrix} \cos 45° & \sin 45° \\ -\sin 45° & \cos 45° \end{pmatrix} = \begin{pmatrix} \frac{\sqrt{2}}{2} & \frac{\sqrt{2}}{2} \\ -\frac{\sqrt{2}}{2} & \frac{\sqrt{2}}{2} \end{pmatrix}$$

です。動かそうと思っている $x = y$ 上の点は $(x, x)$ で表すことができますから，

$$\begin{pmatrix} x & x \end{pmatrix} \begin{pmatrix} \frac{\sqrt{2}}{2} & \frac{\sqrt{2}}{2} \\ -\frac{\sqrt{2}}{2} & \frac{\sqrt{2}}{2} \end{pmatrix} = \begin{pmatrix} 0 & \sqrt{2}x \end{pmatrix}$$

ここで，$(0, \sqrt{2}x)$ という点全体がつくるグラフは $x = 0$，つまり，$y$ 軸となります。確かめてみよう。そうなったかな？

では，60度回転したらどうなるでしょう。

ここでストップ！ 自分でやってみよう。答えは次のページ。

60度回転行列は,

$$\begin{pmatrix} \cos 60° & \sin 60° \\ -\sin 60° & \cos 60° \end{pmatrix} = \begin{pmatrix} \frac{1}{2} & \frac{\sqrt{3}}{2} \\ -\frac{\sqrt{3}}{2} & \frac{1}{2} \end{pmatrix}$$

で表すことができます。これで $(x,x)$ を回転すると,

$$\begin{pmatrix} x & x \end{pmatrix} \begin{pmatrix} \frac{1}{2} & \frac{\sqrt{3}}{2} \\ -\frac{\sqrt{3}}{2} & \frac{1}{2} \end{pmatrix} = \begin{pmatrix} \frac{1-\sqrt{3}}{2}x & \frac{1+\sqrt{3}}{2}x \end{pmatrix}$$

となります。式の右側は新しい $x$ と $y$ です。つまり,

$$新しい x = \frac{1-\sqrt{3}}{2} \times (古い x) \qquad (式13.4)$$

$$新しい y = \frac{1+\sqrt{3}}{2} \times (古い x) \qquad (式13.5)$$

この2つの式から、新しい $x$ と $y$ の関係を調べてみます。新しい $y$ は新しい $x$ の何倍でしょうか？

$$\frac{新しい y}{新しい x} = \frac{1+\sqrt{3}}{1-\sqrt{3}} \qquad (式13.6)$$

ですから、次のことがわかりますね。

$$新しい y = \frac{1+\sqrt{3}}{1-\sqrt{3}} \times (新しい x) \qquad (式13.7)$$

グラフに描けますか？　え？　$\frac{1+\sqrt{3}}{1-\sqrt{3}}$ ってなんだかわからない、って？　電卓をつかってごらんなさい。どんな値になるかな？　そして、もとのグラフとの間にできる角度がちょうど60度になっているかどうか、確かめてみましょうね。

# 14 平行に移動させるには

　これまでいろいろな行列をつかって，私たちは自由自在に犬を移動させてきました。大きくしたり，小さくしたり，細くしたり長くしたり，つぶしてみたり，ぐるぐる回転だってできちゃいました。でも，これでしたいことは全部かな？

　もし家や学校につかえるコンピュータがあったら，グラフィックスのソフトを開いてみましょう。画面に何か絵を描いて，それからメニューで「変形」を選んでみてください。きっと，拡大縮小，回転に交じって，平行に移動する機能があるはずです。

　では行列をつかって，絵を平行に移動することができるでしょうか？

　7章の6番の問題をもう1回考えてみます。アンドリーナが取り組んだのは，次のような問題でした。

「犬の中心が原点に重なるように移動できるか？」

　私たちはそれは不可能だ，と結論づけました。なぜなら，原点はどんな行列をかけても変化しないからです。

つまり，普通に行列で変換した場合，犬はどうしても平行移動はしてくれないのです。では，どうしたらいいでしょう？

犬は，実は3次元空間に描かれていた，と仮定してみます。犬の後ろ足は原点にあるように見えますが，実は$z$軸方向に1だけ「浮いていた」とします。つまり，後ろ足の座標は$(0, 0, 1)$だったのです（図14-1）。

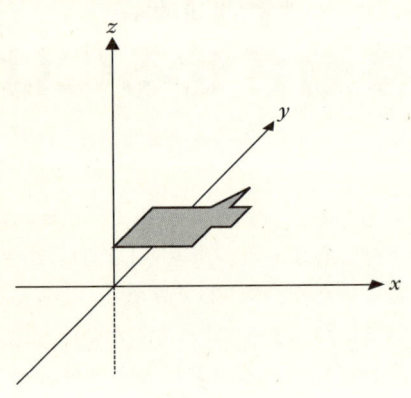

**図 14-1**

そう仮定すれば，適当な3×3行列をつかって，犬を$x = 0, y = 0$から離すことができます。たとえば$\begin{pmatrix} 1 & 0 & 0 \\ 0 & 1 & 0 \\ 2 & 3 & 1 \end{pmatrix}$をつかってやってみましょう。まず，後ろ足はどうなるでしょうか。

$$\begin{pmatrix} 0 & 0 & 1 \end{pmatrix} \times \begin{pmatrix} 1 & 0 & 0 \\ 0 & 1 & 0 \\ 2 & 3 & 1 \end{pmatrix} = \begin{pmatrix} 2 & 3 & 1 \end{pmatrix}$$

となります。では，前足は？

第14章 平行に移動させるには

$$(3 \ 0 \ 1) \times \begin{pmatrix} 1 & 0 & 0 \\ 0 & 1 & 0 \\ 2 & 3 & 1 \end{pmatrix} = (5 \ 3 \ 1)$$

ですね。ここで、$z$の値を無視して、最初の2つの値だけに注目してグラフ用紙に点を打ってみましょう。図14-2のようになります。

同じように続けると、犬は原点から斜め右上の方向へずれますね。

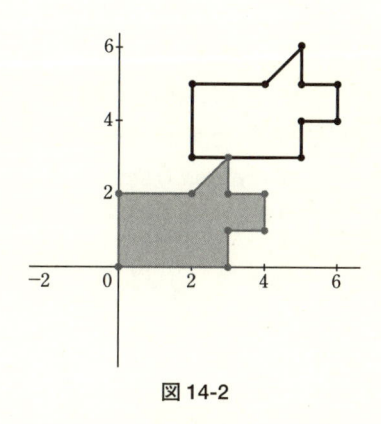

**図 14-2**

では、この方法をつかって、犬の中心が原点に重なるように移動してみましょう。まず、犬の中心をきめないといけないね（図 14-3）。

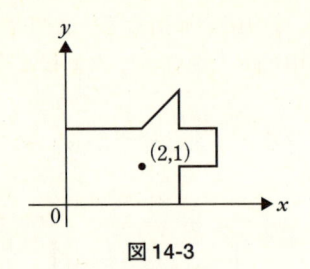

**図 14-3**

この辺りはどうかな。この点は $(2, 1)$ です。でも、本当は宙に 1 だけ浮いているので、$(2, 1, 1)$ の点です。これを $(0, 0, 1)$ に移すのですから、次の式が成り立つように $A$ と $B$ の値を決めてやればいいですね。

$$\begin{pmatrix} 2 & 1 & 1 \end{pmatrix} \begin{pmatrix} 1 & 0 & 0 \\ 0 & 1 & 0 \\ A & B & 1 \end{pmatrix} = \begin{pmatrix} 0 & 0 & 1 \end{pmatrix}$$

計算してみましょう。

$$\begin{pmatrix} 2 & 1 & 1 \end{pmatrix} \begin{pmatrix} 1 & 0 & 0 \\ 0 & 1 & 0 \\ A & B & 1 \end{pmatrix} = \begin{pmatrix} 2+A & 1+B & 1 \end{pmatrix}$$

よって、

$$2 + A = 0 \tag{式 14.1}$$
$$1 + B = 0 \tag{式 14.2}$$

第14章　平行に移動させるには

でなければならないことがわかります。解いてみましょう。

$$A = -2 \qquad \text{(式 14.3)}$$
$$B = -1 \qquad \text{(式 14.4)}$$

よって，求めたい行列は，

$$\begin{pmatrix} 1 & 0 & 0 \\ 0 & 1 & 0 \\ -2 & -1 & 1 \end{pmatrix}$$

になることがわかります。どうかな？　本当に犬の中心が原点に重なるかな？　みなさんで確かめてみてくださいね。

# 15 行列が作る不思議な世界

　皆さんは，遊園地の「ビックリハウス」に入ったことがありますか？　ビックリハウスにはいろいろな鏡がおいてあって，のぞいてみると，そこには背高ノッポになったり，ずんぐりでぶっちょになったりした自分がいて，本当に驚いちゃいます。もう少し，よく鏡をのぞいてみて。でぶっちょになったのは「私」だけかな？　部屋の様子はどう？　隣に立っている弟はどう？　みんなでぶっちょになってしまったんじゃないかな？

　行列で形を変えるときも，同じことが言えます。たとえば，

$$\begin{pmatrix} 2 & 0 \\ 0 & 1 \end{pmatrix}$$

はスコッチテリアを横に2倍したけれど，そのとき，同時になんでも横に2倍するのでした。つまり，「世界全体を横に2倍した」っていうこと。

　このようすを図で表すにはどうしたらいいでしょう？

## 第15章 行列が作る不思議な世界

　スコッチテリアのいる世界は，どこでしたっけ？　そう，グラフ用紙，$xy$ 平面でした。グラフ用紙はこんな風に縦横1センチ角のマスで区切られています。これだって，立派な図形のひとつでしょう？　このマスは $\begin{pmatrix} 2 & 0 \\ 0 & 1 \end{pmatrix}$ で変換したらどうなるかな。

まず，いくつか縦の線を変換してみましょう。$x=1$のところを通る直線は変換したらどうなるかな。この線の上にある点を3つ選んでみます。$(1,-3), (1,0), (1,2)$。

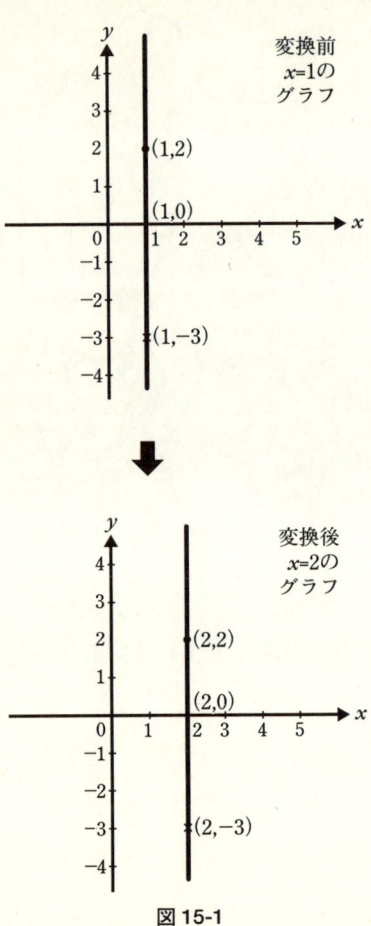

図 15-1

## 第15章 行列が作る不思議な世界

この3つの点はそれぞれ,

$$\begin{pmatrix} 1 & -3 \end{pmatrix} \begin{pmatrix} 2 & 0 \\ 0 & 1 \end{pmatrix} = \begin{pmatrix} 2 & -3 \end{pmatrix}$$

$$\begin{pmatrix} 1 & 0 \end{pmatrix} \begin{pmatrix} 2 & 0 \\ 0 & 1 \end{pmatrix} = \begin{pmatrix} 2 & 0 \end{pmatrix}$$

$$\begin{pmatrix} 1 & 2 \end{pmatrix} \begin{pmatrix} 2 & 0 \\ 0 & 1 \end{pmatrix} = \begin{pmatrix} 2 & 2 \end{pmatrix}$$

に移ることがわかります。3点は直線上にならんでいます(図15-1)。

そう,ちょうど $x = 2$ のグラフになっています。同じように $x = -2$, $x = -1$, $x = 0$, $x = 2$ のグラフをこの行列で移すと,それぞれ $x = -4$, $x = -2$, $x = 0$, $x = 4$ のグラフになるはずです。試してみて!(図15-2)

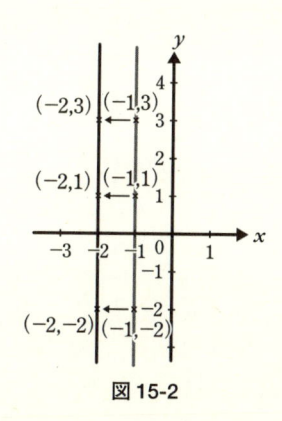

**図 15-2**

一般化してみましょう。$x=k$ のグラフはどこへ移るかな？ 直線 $x=k$ のグラフにある点はいつでも $(k,y)$ の形をしています。これは,

$$( k \quad y )\begin{pmatrix} 2 & 0 \\ 0 & 1 \end{pmatrix} = ( 2k \quad y )$$

に移るはず。$y$ はどんな数でも構わない。けれど, $x$ の値は $2k$ に決まっちゃうね。だから, $x=k$ のグラフは $x=2k$ のグラフに移ることがわかりました（図 15-3）。

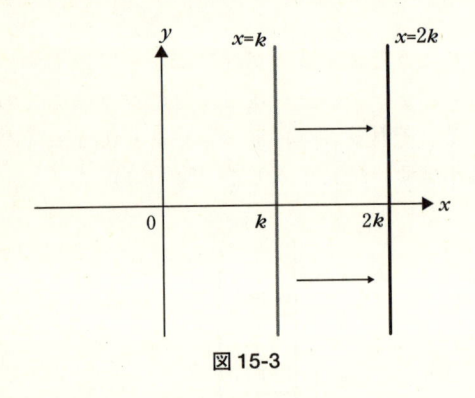

**図 15-3**

第 15 章　行列が作る不思議な世界

では，横の線はどうかな。$y=1$ のところを通る直線を試しに移してみましょう（図 15-4）。

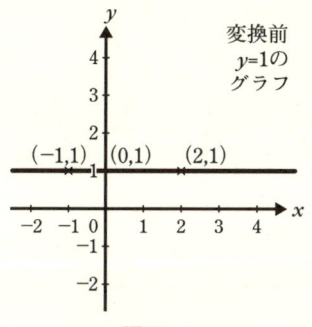

**図 15-4**

まず，3 つ点を選びましょう。$(-1, 1)$, $(0, 1)$, $(2, 1)$ でどうかな。これを先の行列で移してみるよ。

$$( \begin{array}{cc} -1 & 1 \end{array} ) \begin{pmatrix} 2 & 0 \\ 0 & 1 \end{pmatrix} = ( \begin{array}{cc} -2 & 1 \end{array} )$$

$$( \begin{array}{cc} 0 & 1 \end{array} ) \begin{pmatrix} 2 & 0 \\ 0 & 1 \end{pmatrix} = ( \begin{array}{cc} 0 & 1 \end{array} )$$

$$( \begin{array}{cc} 2 & 1 \end{array} ) \begin{pmatrix} 2 & 0 \\ 0 & 1 \end{pmatrix} = ( \begin{array}{cc} 4 & 1 \end{array} )$$

つないでみましょう。もとの線と一致しました！(図15-5)
つまり，$y=1$のグラフは$y=1$のまま，というわけ。同じように$y=-2$, $y=-1$, $y=0$, $y=2$はこの行列では動きません。

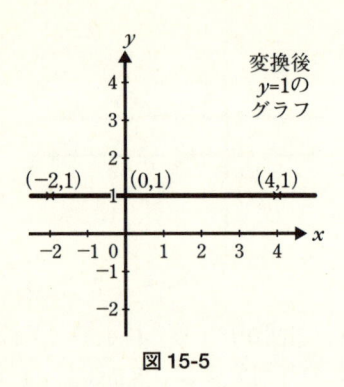

**図 15-5**

これも一般化してみようね。$y=k$のグラフはどこへ移るかな？

$$( \ x \quad k \ ) \begin{pmatrix} 2 & 0 \\ 0 & 1 \end{pmatrix} = ( \ 2x \quad k \ )$$

$x$はどんな値でも構わないけれど，$y$の値は$k$に決まってしまいます。つまり点$(x,k)$は，同じ$y=k$のグラフの上を点$(2x,k)$へと「横滑り」したっていうわけ。だから，グラフは$y=k$のままだったんだね。

第15章　行列が作る不思議な世界

では，変換した後のグラフを全部合わせて描き出してみましょう（図15-6）。

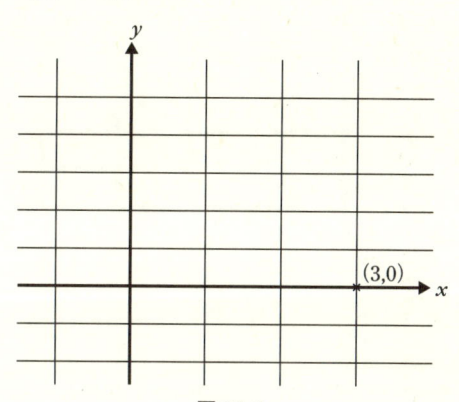

**図 15-6**

これが行列 $\begin{pmatrix} 2 & 0 \\ 0 & 1 \end{pmatrix}$ によって変換された新しいグラフ用紙になります。横長のマスが新しい1×1のマスですよ。では，このグラフ用紙をつかって，スコッチテリアを描いてみましょう。犬の後ろ足やお尻はそのままだね。だけど，前足の場所はどこだろう。(3,0)を探して点を打ってみて。ほかの点も全部打ってみますよ。さあ，どうなるかな。

図 15-7

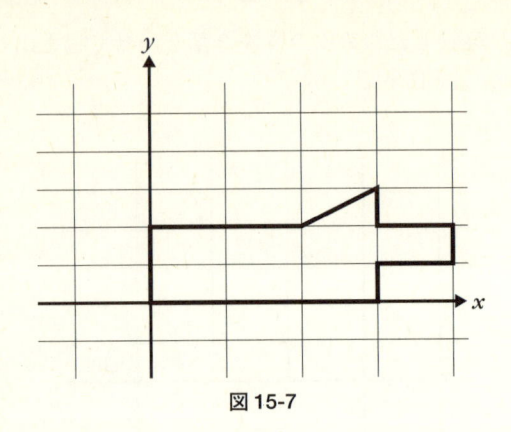

　これは，犬を行列 $\begin{pmatrix} 2 & 0 \\ 0 & 1 \end{pmatrix}$ で移動させた図とぴったり一致します（図 15-7）。

　これってどういうことかな？　ていこはこんな風に説明してくれました。
「つまり，犬を動かすには 2 つ方法があるっていうこと。ひとつはグラフ用紙はそのままで，最初みたいにひとつずつ点を動かしてみる，っていうこと。もうひとつは，グラフ用紙を変えちゃって，その上で元の点を書いてみる，っていう方法」

　どっちの方が簡単なのかな？　もちろんグラフ用紙を動かす方が大変にきまっている，だって犬を動かすには 9 個の点を動かすだけでいいけど，グラフを動かすにはうんとたくさん調べなくちゃいけないもの。

　なるほど，そうかも知れないね。でも，そうじゃないかもしれないよ。ていこにもう一度方法を聞いてみようね。

## 第15章 行列が作る不思議な世界

「グラフがどうなるかは、ひとつのマスがどうなるかがわかれば簡単にわかるの。だって、マスは全部同じ形だし、同じ方向に向いているんですもの」

ね！では、やってみよう。行列 $\begin{pmatrix} 1 & 2 \\ -1 & 1 \end{pmatrix}$ でグラフ用紙全体を動かすにはどうしたらいいかな。まず、この基本の 1×1 のマスを動かしてみようね。

点 $(0,0)$ はアンドリーナが言ったように、「絶対動きっこない」から、$(0,0)$ のままです。では、$(1,0)$ は？

$$\begin{pmatrix} 1 & 0 \end{pmatrix} \begin{pmatrix} 1 & 2 \\ -1 & 1 \end{pmatrix} = \begin{pmatrix} 1 & 2 \end{pmatrix}$$

$(1,2)$ に移ったね。では、$(0,1)$ は？

$$\begin{pmatrix} 0 & 1 \end{pmatrix} \begin{pmatrix} 1 & 2 \\ -1 & 1 \end{pmatrix} = \begin{pmatrix} -1 & 1 \end{pmatrix}$$

$(-1,1)$ に移るんですね。そうそう。同じことを 58 ページでもやりましたね。それぞれ 1 行目と 2 行目を抜き出せばいいのでした。そして、$(1,1)$ はどこに移るのかな？

$$\begin{pmatrix} 1 & 1 \end{pmatrix} \begin{pmatrix} 1 & 2 \\ -1 & 1 \end{pmatrix} = \begin{pmatrix} 0 & 3 \end{pmatrix}$$

$(0,3)$ です。つないでみましょう。新しいマスはどんなマスかな？

**図 15-8**

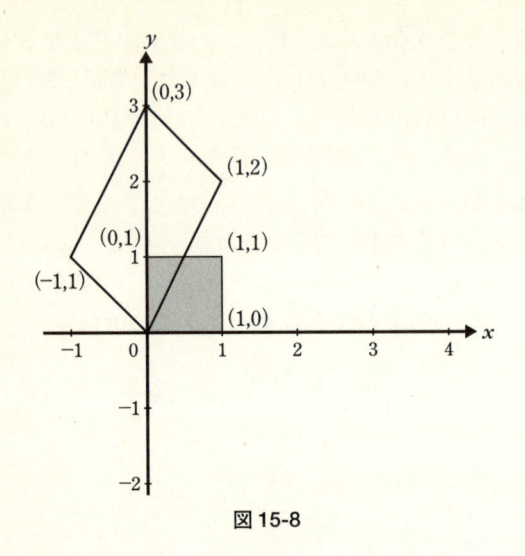

　図15-8のゆがんだマスの面積の求め方は6章でやりました。$(AD-BC)$を計算するんでしたね。$1\times1-(-1)\times2=3$。つまり，1マスはもとのマス3個分の大きさ，になるわけです。

第 15 章　行列が作る不思議な世界

　これをたくさんつなげると，新しいグラフ用紙になります。やってみましょう（図 15-9）。

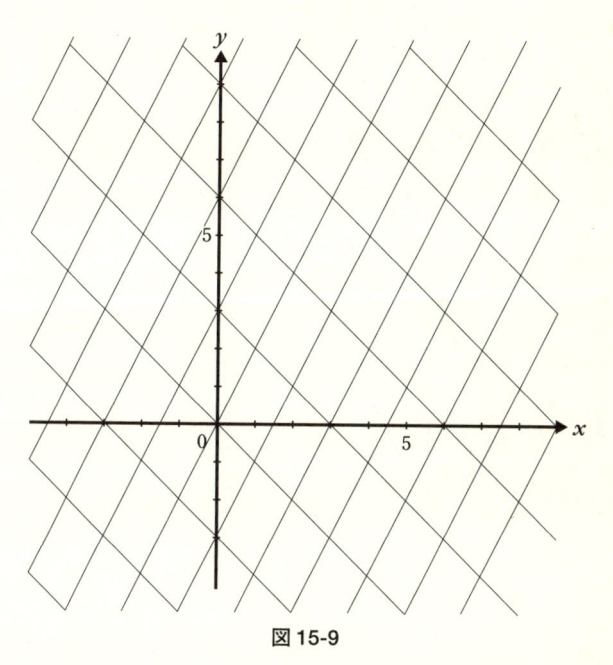

**図 15-9**

これが，行列が作る「ビックリハウス」というわけ。この
ビックリハウスにスコッチテリアを入れてみましょう。ス
コッチテリアはどうなるかな？（図15-10）

**図 15-10**

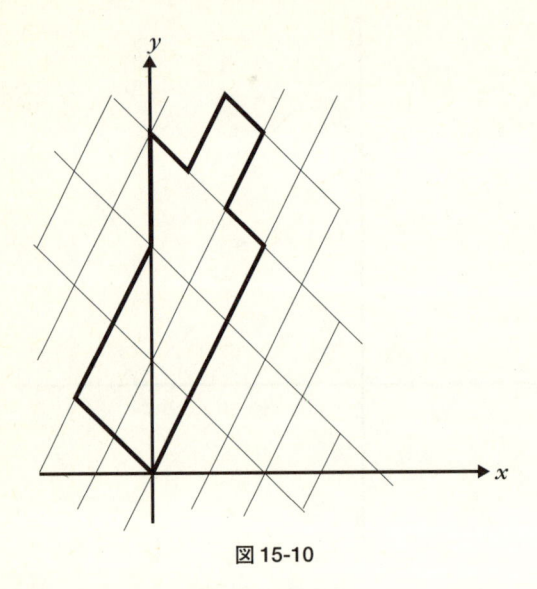

　図15-7のように犬は変形しましたか？　で，あなたはどっ
ちの方法の方が簡単だと思いましたか？
　ここで問題。新しいグラフ用紙をつかった時，スコッチ
テリアが囲む面積はどうなるでしょう。
　いつものグラフ用紙をつかうと，スコッチテリアの面積
は1×1マスが$7\frac{1}{2}$個分でした。ゆがんだグラフ用紙をつか
うと，
　　　　　ゆがんだスコッチテリアの面積
　　　$= 7\frac{1}{2} \times$（ゆがんだマスの大きさ）

第15章 行列が作る不思議な世界

$$= 7\frac{1}{2} \times 3$$
$$= 22\frac{1}{2}$$

あ,そうそう。もうひとつおもしろい問題を思いついたよ。犬をぺしゃんこにしてしまう行列はグラフ用紙をどんな風に変えるんでしょうか。また,アンドリーナの行列をつかってみましょう。行列 $\begin{pmatrix} -1 & 1 \\ 0 & 0 \end{pmatrix}$ でグラフはどうなるでしょうか。

まず,基本のマスがどうなるかを調べるんでしたね。$(0,0)$ はそのまま。$(1,0)$ は? そう,わざわざ計算しなくても大丈夫。行列の第1行目をもってくればよいのでした。だから,$(-1,1)$。そして,$(0,1)$ は行列の第2行目が示す点,$(0,0)$ に移るんでしたね。そして,$(1,1)$ はどこへ動きますか?

$$\begin{pmatrix} 1 & 1 \end{pmatrix} \times \begin{pmatrix} -1 & 1 \\ 0 & 0 \end{pmatrix} = \begin{pmatrix} -1 & 1 \end{pmatrix}$$

つないでみると,こんな線になってしまいました(図15-11)。

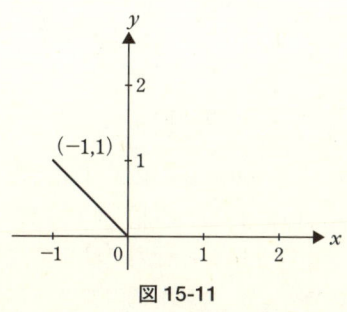

**図 15-11**

これを新しい「マス」として，積み重ねてみても，平面にはなりません。ただのびて，直線（$x+y=0$）になるだけです。そのとき，元のグラフ用紙（2次元）はつぶれて $x+y=0$ の直線（1次元）になってしまいます。

遊園地のビックリハウスではそのほか，頭だけ大きくなって，足は細く短く映る鏡や，頭と足は小さくなっておなかだけでぶっちょに映る鏡がありますね。それも行列でできるのかな？

ダーシー=トンプソンは1917年に『On Growth and Form (成長と形)』という本の中で，物の形とその変化についていろいろと興味深いことを書いています。この本の中では行列については触れられていませんが，グラフをつかって，様々な魚や動物が形を変える様子が描かれています。図15-12はトンプソンの本からの引用で，魚の絵を変形させたものです。

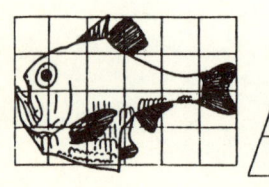

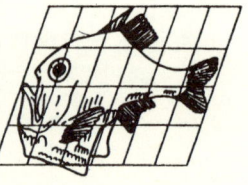

**図 15-12**

皆さんはもう，この魚の変形には「傾ける行列」を使えばよいとわかっていますね。では，図15-13のような変形はどうでしょう？ 残念ながら行列ではこの変形はできません。行列をつかうと，グラフ用紙のマス目はどれも同じ形

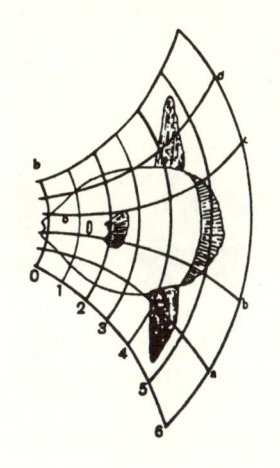

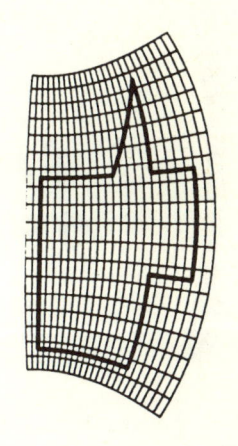

第 15 章　行列が作る不思議な世界

**図 15-13**

になるように変形されます。でも，このマンボウの絵では，マス目は右にいくほど大きくなっています。また，行列をつかうと，直線は直線に移りましたが，この絵では直線が曲線に変化しています。この変形をコンピュータの画面上で実現させるプログラムを作りたいと思い，いろいろ試作してできたのが，図 15-13 右の犬の図です。変形には次の式をつかいました。

$$新 X = \sinh(古い X) \times \cos(a \times 古い Y)$$

$$新 X = \cosh(古い X) \times \sin(a \times 古い Y)$$

　ただし，$\sinh x$ とは $\dfrac{e^x - e^{-x}}{2}$，$\cosh x$ とは $\dfrac{e^x + e^{-x}}{2}$ のことです。変形のためのプログラムを付録につけておきました。参考にしてみてください。

# 16 もっと難しいグラフの変換をしてみよう

前の章で私たちは，グラフや図を動かすのに 2 つの方法があることを学びました。

1. 行列をつかって，直接グラフを変換する。
2. まず，グラフ用紙を変換して，その（へんてこな）グラフ用紙の上でグラフを描く。

この 2 つの方法をつかって，もう少し難しいグラフを動かしてみましょう。

図 16-1 は $x^2 = y$ のグラフです。これを 30 度回転行列をつかって回転させると，どんなグラフになるでしょう。まず，第 2 の方法をつかって，解いてみます。

まず，グラフ用紙を移動させるには，$(1, 0)$ と $(0, 1)$ がどこへ行くかを調べればよいはずです。

## 第16章　もっと難しいグラフの変換をしてみよう

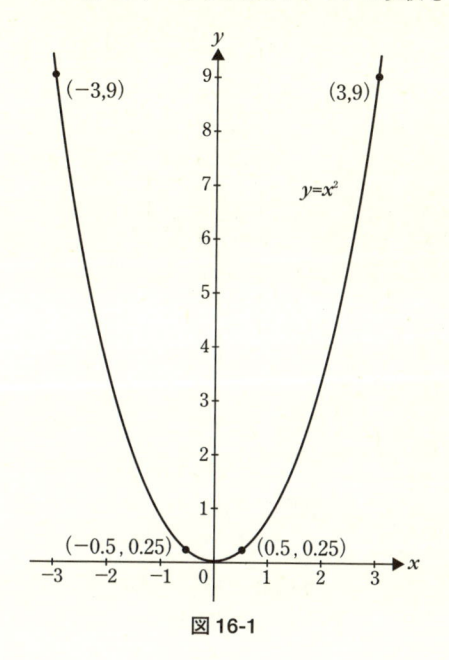

図 16-1

$y = x^2$ のグラフ。点 $(-3, 9)$, $(3, 9)$, $(-0.5, 0.25)$, $(0.5, 0.25)$ が示されている。

$$\begin{pmatrix} 1 & 0 \end{pmatrix} \times \begin{pmatrix} \cos 30° & \sin 30° \\ -\sin 30° & \cos 30° \end{pmatrix} = \begin{pmatrix} \dfrac{\sqrt{3}}{2} & \dfrac{1}{2} \end{pmatrix}$$

$$\begin{pmatrix} 0 & 1 \end{pmatrix} \times \begin{pmatrix} \cos 30° & \sin 30° \\ -\sin 30° & \cos 30° \end{pmatrix} = \begin{pmatrix} -\dfrac{1}{2} & \dfrac{\sqrt{3}}{2} \end{pmatrix}$$

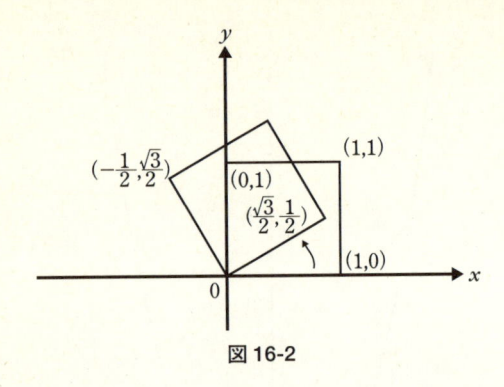

図の座標: $y$軸, $(-\frac{1}{2}, \frac{\sqrt{3}}{2})$, $(0,1)$, $(1,1)$, $(\frac{\sqrt{3}}{2}, \frac{1}{2})$, $(1,0)$, $0$, $x$

**図 16-2**

ですから，基本の 1×1 正方形は図 16-2 のように移動します。

これをもとにグラフ用紙を描くと，こんな風になります。この上に，$x^2 = y$ のグラフを描いてみました（図 16-3）。

簡単だったでしょ？　では，第 1 の方法でやってみましょう。$x^2 = y$ の上にある点はいつでも $(x, x^2)$ という形をしています。これを 30 度回転行列で動かしてみます。

$$\begin{pmatrix} x & x^2 \end{pmatrix} \times \begin{pmatrix} \cos 30° & \sin 30° \\ -\sin 30° & \cos 30° \end{pmatrix}$$

$$= \begin{pmatrix} x\cos 30° - x^2 \sin 30° & x\sin 30° + x^2 \cos 30° \end{pmatrix}$$

新しい $x$ を $X$，新しい $y$ を $Y$ で表すと，

$$X = x\cos 30° - x^2 \sin 30°$$
$$Y = x\sin 30° + x^2 \cos 30°$$

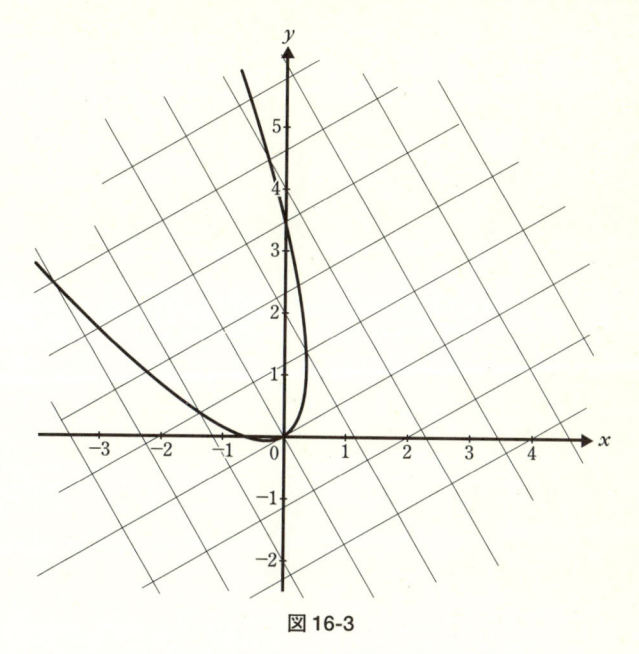

第 16 章　もっと難しいグラフの変換をしてみよう

**図 16-3**

となります。コサインとサインに値を代入しましょう。すると，

$$X = \frac{\sqrt{3}}{2}x - \frac{1}{2}x^2 \tag{式 16.1}$$

$$Y = \frac{1}{2}x + \frac{\sqrt{3}}{2}x^2 \tag{式 16.2}$$

この 2 つの式をつかって，$Y$ を $X$ の式で書くにはどうしたらいいでしょう。どうやったら，式から $x$ を消すことができるでしょうか。まず，(式 16.1) の両辺に $\sqrt{3}$ をかけてみます。すると，

$$\sqrt{3}X = \frac{3}{2}x - \frac{\sqrt{3}}{2}x^2 \qquad (式16.3)$$

となります。(式16.2) とたしあわせてみます。すると，

$$\sqrt{3}X + Y = 2x \qquad (式16.4)$$

これで，$x$ を $X$ と $Y$ の式で表すことができますよ。

$$x = \frac{\sqrt{3}}{2}X + \frac{1}{2}Y \qquad (式16.5)$$

これを (式16.1) に代入すれば，$x$ は消えてくれるはずです。

$$\begin{aligned}X &= \frac{\sqrt{3}}{2}x - \frac{1}{2}x^2 \\ &= \frac{\sqrt{3}}{2}(\frac{\sqrt{3}}{2}X + \frac{1}{2}Y) - \frac{1}{2}(\frac{\sqrt{3}}{2}X + \frac{1}{2}Y)^2 \\ &= \frac{3}{4}X + \frac{\sqrt{3}}{4}Y - \frac{1}{2}(\frac{3}{4}X^2 + \frac{\sqrt{3}}{2}XY + \frac{1}{4}Y^2) \\ &= \frac{3}{4}X + \frac{\sqrt{3}}{4}Y - \frac{3}{8}X^2 - \frac{\sqrt{3}}{4}XY - \frac{1}{8}Y^2\end{aligned}$$

両辺を 8 倍して，いやな分数をなくしてしまいましょう。

$$8X = 6X + 2\sqrt{3}Y - 3X^2 - 2\sqrt{3}XY - Y^2$$

もう少し整理すると，次のようになるでしょう。

$$3X^2 + 2\sqrt{3}XY + Y^2 + 2X - 2\sqrt{3}Y = 0 \quad (式16.6)$$

第16章　もっと難しいグラフの変換をしてみよう

これをグラフにしたのが図16-4です。

どうですか？　第2の方法で書いたグラフとぴったり一致しましたね。

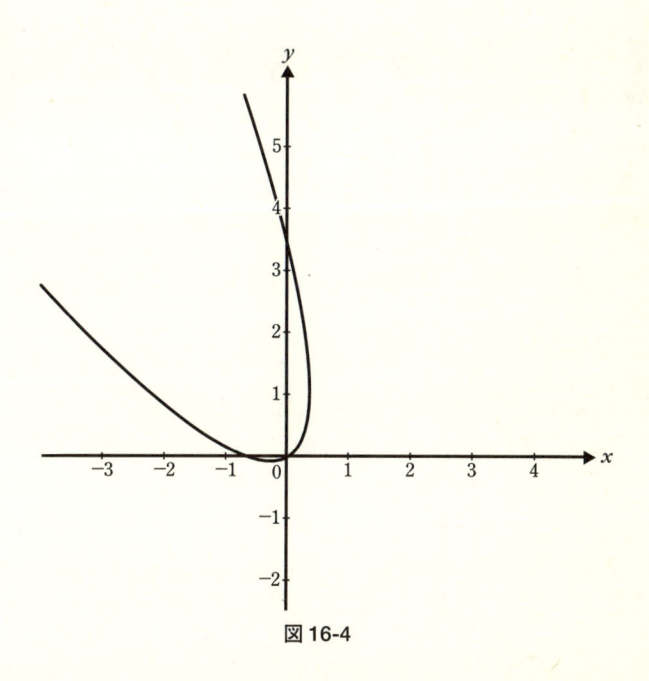

**図 16-4**

# 17

# ピタゴラスも
# びっくり!?

　みなさんはピタゴラスっていう人を知っていますか？　この人は古代ギリシャ時代のとても偉い数学者で，特にピタゴラスの定理という有名な定理を発見した人として知られています。ピタゴラスの定理とは，
「直角三角形の短い方の2つの辺をそれぞれ2乗してたしたものと，長い辺を2乗したものは等しくなる」
という定理なんです。ここに，小学校でつかう三角定規が

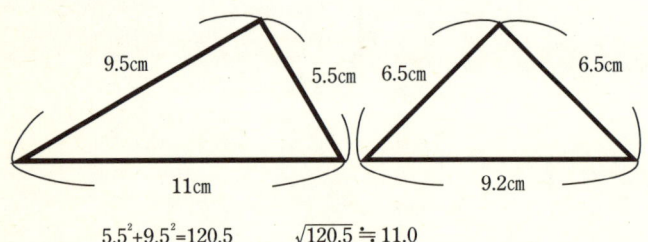

9.5cm　5.5cm　6.5cm　6.5cm

11cm　9.2cm

$5.5^2 + 9.5^2 = 120.5$　　$\sqrt{120.5} ≒ 11.0$
$6.5^2 + 6.5^2 = 84.5$　　$\sqrt{84.5} ≒ 9.2$

図 17-1

第17章 ピタゴラスもびっくり!?

2つあるから,本当かどうかちょっと調べてみますね(図17-1)。

なるほど,どうもそうらしいですね。この定理にはいろんな人によるいろんな証明があります。オーソドックスな証明をひとつあげてみましょう。次のような直角三角形を考えます。このとき,辺AB, 辺CA, 辺BCの長さはそれぞれ$a, b, c$としましょう(図17-2)。

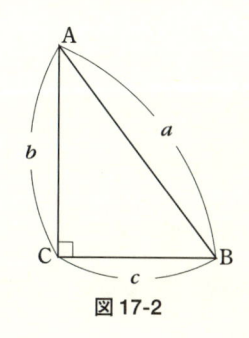

**図 17-2**

この三角形を4つ組み合わせたのが図17-3です。

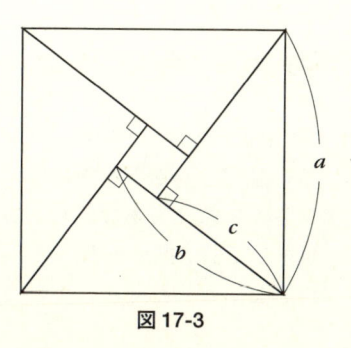

**図 17-3**

ここで、角Cは直角ですから、角Aと角Bの角度をたすと、90度になっているはず。つまり、この四角形は面積が$a^2$の正方形になりますね。

この正方形は5つのピースからできあがっています。同じ形の直角三角形が4つと真ん中にあいた正方形の穴ひとつ。三角形の面積は、

$$\frac{1}{2} \times 横の長さ \times 縦の長さ = \frac{1}{2}bc$$

ですから、これが4つで$2bc$になるはずです。

では、残った正方形の大きさはどうでしょう。この正方形の一辺が$(b-c)$になっているのがわかりますか？ですから、この正方形の面積は、

$$(b-c)^2 = b^2 - 2bc + c^2$$

5つのピースを全部たしてみるとどうなりますか？ これは大きな正方形の面積（$a^2$）と一致するはずですよ。

$$2bc + (b^2 - 2bc + c^2) = b^2 + c^2$$

だから、$b^2 + c^2 = a^2$になるわけです。

私（新井）はごく最近、生徒たちと話しているうちに、この定理のおもしろい証明のしかたを思いついたのです（この証明をコーエンさんに教えてあげたら、あんまりうれしくて、真っ赤な顔をして私に握手を求めたくらいです）。だから、みなさんにもお話ししたくなりました。

第17章 ピタゴラスもびっくり!?

まず、一番長い辺の長さを基準に考えることにして、この長さを1と置きます。こんな風に立ててみてください。左下の角度を$\theta$と置きます（図17-4）。

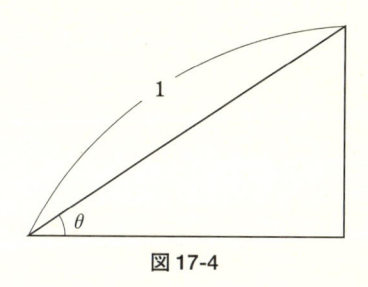

**図 17-4**

この絵、なんか見覚えないですか？　そう、図13-3（121ページ）と同じです。だったら、短い方の2つの辺の長さはそれぞれ$\cos\theta$と$\sin\theta$になっているはずですね。つまり、ピタゴラスの定理というのは、

$$(\cos\theta)^2 + (\sin\theta)^2 = 1^2$$

を証明すればいいことになります。ふーむ、とここで思ったわけです。$(\cos\theta)^2 + (\sin\theta)^2$って、なんか見たことがある。

そう！　13章に出てきた回転行列を思い出してください。角度$\theta$分の回転行列は、

$$\begin{pmatrix} \cos\theta & \sin\theta \\ -\sin\theta & \cos\theta \end{pmatrix}$$

でした。そして、回転したあと、図形の面積が何倍になるかは、$(AD - BC)$を計算すればわかるんでしたね。

$$AD - BC = (\cos\theta)^2 + (\sin\theta)^2$$

え？ 誰か何か言いませんでしたか？ 「図形を回転しただけで面積が変わるわけないじゃない」ですって？ そう，その通りなんです。つまり，面積は1倍になるっていうことです。

$$(\cos\theta)^2 + (\sin\theta)^2 = 1$$

ピタゴラスさんは自分の定理の意味が，
「図形を回転しただけでは面積は変わらない」
っていうことだって知っていたのかしら？ 教えてあげたらビックリしてくれるでしょうか。

# 18 もう一度お買いもの

　今度の土曜日,スティーブ君の家でバーベキューパーティーをすることになりました。子どもたちだけでやろうと思うので,あまり面倒なものは出さないことにして,ホットドッグとハンバーガーを焼いて食べようと思います。飲み物はコーラとオレンジジュースを用意します。ジマイマちゃんがパンを,ジェレミー君がソーセージとハンバーガー用のパテを買いに行ってくれることが決まっています。ジマイマには5ドル(500セントのこと),ジェレミーには14ドル(1400セント)渡してあります。おつりがでないようにうまく買ってくる方法はあるでしょうか。ホットドッグ用のパンは20セント,ハンバーガー用のパンは10セント,ソーセージとハンバーガー用のパテはそれぞれ50セントだとします。

　この買いもので重要なことは,ひとつのホットドッグを作るにはホットドッグ用のパンが1個とソーセージが1個いる,ということです。パンとソーセージの数が揃っていなければ,無駄になってしまいます。ハンバーガーについても

同じことが言えます。ですから、ホットドッグ用のパンの数を $x$, ハンバーガー用のパンの数を $y$ とおくと、この買いものは次のような2つの式で表されることになるでしょう。

$$20x + 10y = 500$$
$$50x + 50y = 1400$$

整理すると,

$$2x + y = 50 \qquad (式18.1)$$
$$x + y = 28 \qquad (式18.2)$$

どうやったら, $x, y$ を求めることができるでしょう。

<方法1> まず（式18.1）をよくながめます。これは、変形すると,

$$y = 50 - 2x \qquad (式18.3)$$

になりますね。これを（式18.2）に代入してみましょう。

$$x + (50 - 2x) = 28$$
$$-x + 50 = 28$$
$$-x = 28 - 50 = -22$$
$$x = 22$$

これを（式18.3）に戻すと, $y = 50 - (2 \times 22) = 6$ となります。つまり、ホットドッグが22個で、ハンバーガーは6個というわけ。

第18章 もう一度お買いもの

<方法2> (式18.1)と(式18.2)をグラフ用紙に描き込んでみます(図18-1)。

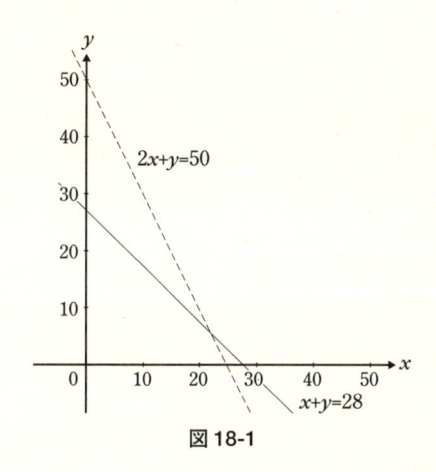

**図 18-1**

この2つのグラフの交点は$(22, 6)$です。<方法3>と同じ答えになりました。

<方法3> この買いものを4章と同じように行列で表してみましょう。

$$\begin{pmatrix} x & y \end{pmatrix} \times \begin{pmatrix} 2 & 1 \\ 1 & 1 \end{pmatrix} = \begin{pmatrix} 50 & 28 \end{pmatrix}$$

私たちがほしいのは$x$と$y$の値ですから、=の左側から行列$\begin{pmatrix} 2 & 1 \\ 1 & 1 \end{pmatrix}$をどかすことができたらいいですね。両辺に$\begin{pmatrix} 2 & 1 \\ 1 & 1 \end{pmatrix}$の逆行列をかけたらどうなるでしょう。106ペー

ジのやり方を見ながらやってみましょう。$\begin{pmatrix} 2 & 1 \\ 1 & 1 \end{pmatrix}$ の逆行列は,

$$\frac{1}{2\times 1 - 1 \times 1}\begin{pmatrix} 1 & -1 \\ -1 & 2 \end{pmatrix} = \begin{pmatrix} 1 & -1 \\ -1 & 2 \end{pmatrix}$$

になります。ですから,

$$(x \quad y) \times \begin{pmatrix} 2 & 1 \\ 1 & 1 \end{pmatrix} \times \begin{pmatrix} 1 & -1 \\ -1 & 2 \end{pmatrix}$$

$$= (50 \quad 28) \times \begin{pmatrix} 1 & -1 \\ -1 & 2 \end{pmatrix}$$

$$(x \quad y) \times \begin{pmatrix} 1 & 0 \\ 0 & 1 \end{pmatrix}$$

$$= (50 + (-28) \quad -50 + (2 \times 28))$$

$$(x \quad y) = (22 \quad 6)$$

＜方法1＞や＜方法2＞と同じ答えが出ました。

さて,パーティーの前にもうひとつ買いものが残っています。それは,飲み物ですね。これはスティーブが買ってくることになりました。スティーブは15ドル持って,コーラとオレンジジュースを買いに行きました。コーラは70セント,ジュースは60セントです。ここで,もうひとつ条件をつけましょう。ホットドッグを選んだ子にはコーラを,ハンバーガーを選んだ子にはジュースを渡すようにコーラとジュースを買うことができるでしょうか？

第18章 もう一度お買いもの

ここで，コーラの数はホットドッグの数と同じですから，$x$に等しくなっているはずです。そして，ジュースの数はハンバーガーと同じなので$y$に等しくなります。

$$70x + 60y = 1500 \qquad (式 18.4)$$
$$7x + 6y = 150 \qquad (式 18.5)$$

ところで，もう$x, y$の値はわかっています。そう，$x = 22$で$y = 6$でした。(式 18.5) に代入してみます。あれ？　答えが合わないね。(式 18.5) をさっきのグラフに描き込んでみます (図 18-2)。

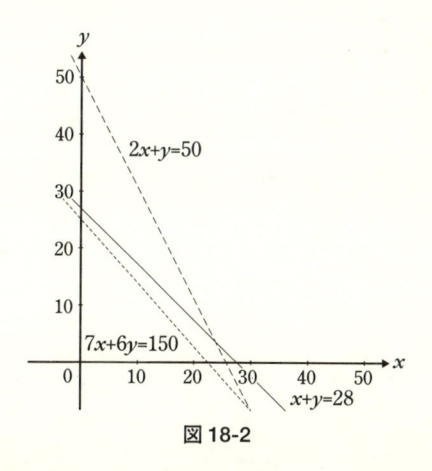

**図 18-2**

3つの直線はばらばらのところで交わっています。なにがいけなかったのかな？

本当はスティーブはいくら持っていったらよかったのでしょう。$x=22, y=6$ を（式18.4）に代入して考えてみます。

$$(70 \times 22) + (60 \times 6) = 1900$$

19ドル持っていけばよかったんですね。$7x+6y=190$ をグラフに描き込んでみます（図18-3）。

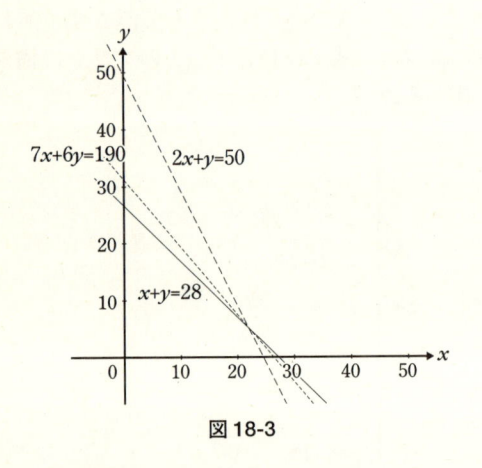

**図 18-3**

ほら、3つの直線がうまく1点で交わっていますね。

さて、ここで最後の問題。もし、ハンバーガー用のパンも20セントだったら、どうなったでしょう。

ここでストップ。自分で考えてみよう。答えは次のページ。

第18章　もう一度お買いもの

式で表してみます。

$$20x + 20y = 500 \qquad (式18.6)$$
$$50x + 50y = 1400 \qquad (式18.7)$$

この式を整理してみると，

$$x + y = 25 \qquad (式18.8)$$
$$x + y = 28 \qquad (式18.9)$$

では，最初に＜方法１＞をつかって解いてみましょう。まず，(式 18.8) を変形して，

$$x + y = 25$$
$$y = -x + 25$$

これを (式 18.9) に代入すると，

$$x + (-x + 25) = 28$$
$$25 = 28 \quad ??$$

あれ，おかしい。$x$ が消えちゃったし，25 は 28 じゃないですね。どうしてこんなことになったか，＜方法２＞をつかって考えてみましょう。

グラフに表すと図 18-4 のようになります。

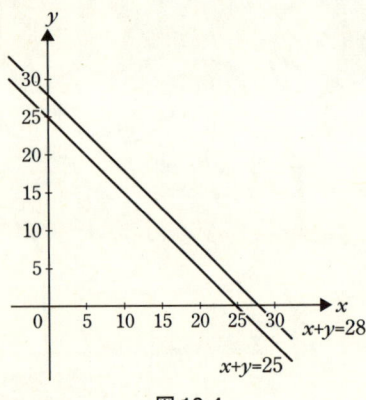

**図 18-4**

第18章　もう一度お買いもの

あれ，ちっとも交わらないね。$x+y=28$ のグラフは $x+y=25$ のグラフを3だけ上の方にずらしてできたグラフだもの。

＜方法3＞をつかうとどうなるでしょうか。行列の式で表すと，

$$\begin{pmatrix} x & y \end{pmatrix} \begin{pmatrix} 1 & 1 \\ 1 & 1 \end{pmatrix} = \begin{pmatrix} 25 & 28 \end{pmatrix}$$

両辺に $\begin{pmatrix} 1 & 1 \\ 1 & 1 \end{pmatrix}$ の逆行列をかけてみましょう。まず，$AD-BC$ を求めるんでしたね。それは……，いくつになったかな？　$(1\times1)-(1\times1)=0$。0ですね。つまり，この行列は逆にできないんです。だから，答えが見つからないのですね。

じゃあ，もうひとつ聞きますよ。もし，ジェレミーが12ドル50セント持っていったら，どうなるか？

このとき，ジマイマの式はそのままで，ジェレミーの式だけ，

$$50x + 50y = 1250$$

に変わります。これを変形すると，

$$50x + 50y = 1250$$
$$x + y = 25$$

これはジマイマの式と同じだね。グラフにすると図18-5のようになります。

交わっている点がない？　そうかな。よく考えてみよう。

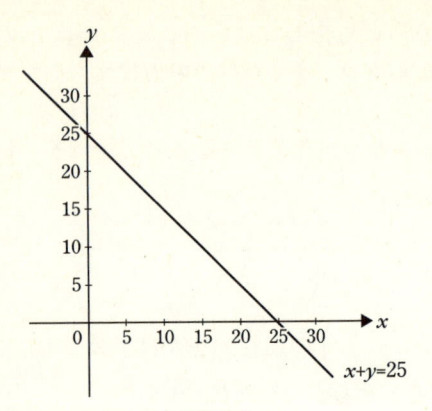

**図 18-5**

2つのグラフは完全に重なっている。ということは、全部の点で「交わっている」っていうことなんじゃないかな。$x+y=25$ であれば、構わない、っていうこと。ならば、いろいろな組み合わせが考えられますね（表18-1）。

うまくいくか確かめてみてくださいね。

| ハンバーガー | ホットドッグ |
|---|---|
| 0 | 25 |
| 1 | 24 |
| 2 | 23 |
| 3 | 22 |
| … | … |
| 12 | 13 |
| 13 | 12 |
| … | … |
| 22 | 3 |
| 23 | 2 |
| 24 | 1 |
| 25 | 0 |

**表 18-1　ハンバーガーとホットドッグの組み合わせ**

# 第19章 これは最後の章ではないのです

# 19
# これは
# 最後の章では
# ないのです

　さあ，どうでしたか？　行列の正体，わかった気がしてきましたか。わかったような，わからなかったような……，ですって？　そんなあなたのためにチェックリストを用意しました。答えられなかったら，どの章にもどればいいか，書いておきましたから，参考にしてみてくださいね。

1. $3x+5y=2$ をグラフに描くと，どんな形になるでしょう。右下がり？　左下がり？　まっすぐ？　カーブしてる？　$x$軸とぶつかるのはどこでしょう。$y$軸とぶつかるのは？　　　　　　　　　　　　　　　　　(2章)
2. $2x+6=y$ は逆関数をもっていますか？　それはどんな関数でしょう。$x^2+3=y$ のグラフを描いてみましょう。これは逆関数をもっていますか？　どうしてそう思いましたか？　　　　　　　　　　　　　　　(3章)
3. 「電話番号をかける」，を関数だと考えます。番号を決めると，誰につながるか，が決まります。これは逆関

数を持つときと持たないときがある，と私は思います。どんな条件のとき，逆関数をもつか考えてみましょう。

(3章)

4. $x^2 + y^2 = 4$ のグラフを描いてみましょう。どんな形になったかな？ $2x^2 + y^2 = 4$ のグラフを描いてみましょう。

(2章)

5. 1回の電話料金は，通話時間と距離で決まります。通話の時間が長ければ長いほど，かける相手が遠くにいればいるほど，電話料金は高くなる仕組みです。これを3次元のグラフで描くとしたらどんな形になるでしょうか。

(3章)

6. $( x \ y \ z ) \times \begin{pmatrix} 1 & 0 & 1 \\ 0 & 0 & 1 \\ 0 & 1 & 1 \end{pmatrix}$

は何になるでしょう？ この関数は「絵の変形」として表現することはできません。では，どうやったら目でみてわかるように表現することができるでしょう。

(4章)

7. 平面上に2つの平行な線があります。これを $2 \times 2$ の行列で変形すると，どうなるでしょう。やはり平行な2つの直線になりますか？ それともそうじゃない場合もありますか？ 理由を考えてみましょう。(5章, 15章)

8. 平面上に2つの垂直に交わっている直線があります。これを $2 \times 2$ の行列で変形するとどうなるでしょう。やはり垂直に交わりますか？ それともそうじゃない場合もありますか？ 理由を考えてみましょう。

(5章, 15章)

9. 行列で変形して絵がつぶれるとき，つぶれたあとはどん

第 19 章　これは最後の章ではないのです

な形になりますか？　行列をつかって，犬の前半分だけつぶすことはできますか？　犬の絵をつぶして，(3,3)の点と完全に重ねることはできますか？　それぞれどうしてか，理由を考えてみましょう。

(6 章，10 章，15 章)

10. 犬の横の長さを半分に，縦の長さを 2 倍にするような行列を探しましょう。また，犬を $y$ 軸を中心にひっくり返すような行列はありますか？　　　　　　(7 章)

11. 座標を横書き（アンドリーナの方法）にしてかけても，縦書き（セオドアの方法）にしてかけても結果が同じになるような行列はどういう形の行列でしょう。(8 章)

12. 行列 $\begin{pmatrix} A & B \\ C & D \end{pmatrix}$ をつかって，点 $(x,y)$ を 2 回続けて動かすと，元の点 $(x,y)$ に戻って来ちゃうそうです。$A$, $B$, $C$, $D$ はどんな数でしょうか？（いくつか答えがあります。全部わかるかな？）

(9 章)

13. つぶしちゃう行列をいくつか書いてみましょう。

$$\begin{pmatrix} 1 & 2 \\ 1 & 2 \end{pmatrix}, \begin{pmatrix} 1 & 1 \\ 0 & 0 \end{pmatrix}, \begin{pmatrix} 1 & -1 \\ -1 & 1 \end{pmatrix}, \begin{pmatrix} 1 & 3 \\ 2 & 6 \end{pmatrix}, \cdots\cdots$$

何か気がつきませんか？　上の行と下の行の関係，あるいは，右の列と左の列はどういう関係になっていますか？　考えがまとまったら，ノートに書いてみましょう。そして，それが本当に正しいか理由を考えてみましょう。

(10 章)

14. 次の行列の逆行列は何になるかな？

$$\begin{pmatrix} 1 & 2 \\ -1 & 1 \end{pmatrix}$$

本当に逆になっているかどうか，確かめるにはどうしたらいいでしょう。ちゃんと逆になっていたかな？　では，次の行列の逆行列はなんでしょう。　　　　(11章)
$$\begin{pmatrix} 1 & 2 \\ -1 & -2 \end{pmatrix}$$

15. 2×2の行列が図形（平面）をつぶすかどうかは，その行列が基本の1×1の正方形をつぶすかどうかを調べればわかるのでした。つぶされると，1×1の正方形の「面積」はどうなったか。思い出してみましょう。では，3×3の行列が図形（立体）をつぶすかどうかは何を調べればいいか考えてみよう。そのとき，「面積」ではなくて，何に注目すればいいかな？　予想できますか？

(12章)

16. $\sin 50°$，$\cos 50°$ は，それぞれいくつくらいになるか，予想をしてみましょう。$\sin 126°$ や $\cos 210°$ はどうですか？　$\frac{\sqrt{2}}{2}$ はだいたいいくつになるかも調べてみましょう。

(13章)

17. 半径2の円をグラフ用紙に描いてみます。これを $\begin{pmatrix} 2 & 0 \\ 0 & 3 \end{pmatrix}$ で変形したら，どんな形になるでしょう。面積は何倍になるかな？　$\begin{pmatrix} 1 & -1 \\ 0 & 2 \end{pmatrix}$ ではどうでしょう。

(15章，16章)

18. 原点中心半径1cmの円のグラフは $x^2 + y^2 = 1$ で表すことができます。これを $\begin{pmatrix} 0 & -1 \\ 1 & 0 \end{pmatrix}$ で変形しても変化しないことを16章の2つの方法をつかって示しましょう。

(16章，17章)

19. 直線のグラフを式で表すと，$Ax + By = C$ という形に

## 第19章 これは最後の章ではないのです

なります（ただし，$A, B$ のうちどちらかは 0 ではありません）。2 つの直線を表す式があったとしましょう。$A, B, C$ がどんな条件をみたすとき，2 つの直線は交わるでしょうか。どんなとき，平行になるでしょうか。

(2 章，18 章)

どうだったでしょうか。さっぱり答えがわからなかった方，全然くよくよすることはありません。多分，ほとんどの方がそうでしょうから。でも，だからこそ行列って，算数っておもしろいんです。わかってる，と思ってやめるとおもしろさの半分も味わえない。せっかく最後の章までたどりついたあなた，是非もう一度，最初の章にもどってみてください。そして，答えを探してみてください。答えが見つかったら，あなたはきっと隣に座っているだれかにそのことを話したくなるはず。教えてあげたくなるはず。そして，手品を披露してみたくなるはず。

私はもっともっとお話ししたいことがあります。みなさんと一緒に解きたい問題があります。でもそうしたら，この本が百科事典のように重くなってしまうので，これでおしまいにしますね。

# 付録 1

　15章で紹介した，魚を変形するプログラムを作ってみました。BASICで書かれているのが，私（コーエン）のプログラムで，Mathematicaの方はセオドアが書いてくれました。

　セオドアは，この本のために犬の変形をきれいに図にするプログラムもかいてくれました。元の犬は灰色の線で，変形した後の犬の絵は黒の実線で出てくるようになっているんですよ。すごいでしょ。そのプログラムもここに付け加えておきます。みなさんもこれを参考におもしろい行列の変換プログラムを作ってみてくださいね。

[図 15-13 のための BASIC プログラム]

```
CLS
WINDOW1
DEF FNsinh(x)=(EXP(x)-EXP(-x))/2
DEF FNcosh(x)=(EXP(x)+EXP(-x))/2
LET Pi=3.14159
READ noofpoints 'reads the number of points, which
                 is the first number in the DATA list
FOR i=2 TO noofpoints
 READ x,y
 PSET (250+4*x, 139-4*y) 'plots original shape
NEXT i
RESTORE 280
READ noofpoints
FOR i=2 TO noofpoints
```

```
  READ x,y
  GOSUB 240 'transform
  PSET (xt,yt)
  PSET (xt+1, yt+1)
NEXT i
END
240 'subroutine for transformation
241 LET A=2 'changes amount of "spread" of fish
242 LET m=FNsinh(x)*COS(A*y): n=FNcosh(x)*SIN(A*y)
                              'for non-linear
'242 LET a=10*COS(30*Pi/180): b=-10*SIN(30*Pi/180):
     c=10*SIN(30*Pi/180): d=10*COS(30*Pi/180)
                              'rotation of 30°
'242 LET a=10:b=0:c=0:d=10 'in this case for
                              scaling
250 xt=250+3*m 'for non-linear transformation
260 yt=139-3*n 'for non-linear transformation
'250 xt=250+a*x+b*y 'for linear transformation
'260 yt=139-(c*x+d*y) 'for linear transformation
270 RETURN
'280 DATA  11,0,0,0,0,3,0,3,1,4,1,4,2,3,2,3,3,2,2,
                              0,2,0,0,0 'dog
280 DATA 16,0,0,1,0.5,2,1,2.5,1,3,1,3.5,0.5,4,0.5,
4,0,4,-0.5,3.5,-0.5,3,-1,2.5,-1,2,-1,1,-0.5,0,0,0,
                              0 'fish
'280 DATA 11,0,0,0,-2,1,-2,2,-2,3,-2,3,2,2,2,1,2,0,
                              2,0,1,0,0,0,0 'rectangle
```

[図 15-13 のための Mathematica プログラム]

```
HyperEllipticTransform[{x_, y_}, a_] :={
 Sinh[x Degree] Cos[a y Degree],
 Cosh[x Degree] Sin[a y Degree]};

IdentityTransform[{x_, y_}, a_] :={x,y};
theTransform=HyperEllipticTransform;
MakeGrid[points_] :={Map[Line, points], Map[Line,
                               Transpose[points]]};
gridPoints=
 Table[theTransform[{x,y}, 2.5],{x,-4,44,2},
                           {y,-18,18,2}];
fishPoints= {{0,0},{30,0},{30,10},{40,10},{40,20},
          {30,20},{30,30},{20,20},{0,20},{0,0}};
subdivide[{{x1_,y1_},{x2_,y2_}}]:=
  Table[{x1+i(x2-x1), y1+i(y2-y1)},{i,0,1,0.1}]
fishPoints1=Flatten[Map[subdivide,
    Partition[fishPoints, 2,1]],1]
     {{0,0},{3.,0},{6.,0},{9.,0},{12.,0},{15.,0},
   {18.,0},{21.,0},{24.,0},{27.,0},{30.,0},{30,0},
   {30,1.},{30,2.},{30,3.},{30,4.},{30,5.},{30,6.},
   {30,7.},{30,8.},{30,9.},{30,10.},{30,10},{31.,10},
     {32.,10},{33.,10},{34.,10},{35.,10},{36.,10},
      {37.,10},{38.,10},{39.,10},{40.,10},{40,10},
          {40,11.},{40,12.},{40,13.},{40,14.},
       {40,15.},{40,16.},{40,17.},{40,18.},{40,19.},
        {40,20.},{40,20},{39.,20},{38.,20},{37.,20},
```

{36.,20},{35.,20},{34.,20},{33.,20},{32.,20},
{31.,20},{30.,20},{30,20},{30,21.},
{30,22.},{30,23.},{30,24.},{30,25.},
{30,26.},{30,27.},{30,28.},{30,29.},{30,30.},
{30,30},{29.,29.},{28.,28.},{27.,27.},{26.,26.},
{25.,25.},{24.,24.},{23.,23.},{22.,22.},{21.,21.},
{20.,20.},{20,20},{18.,20},{16.,20},{14.,20},
{12.,20},{10.,20},{8.,20},{6.,20},{4.,20},{2.,20},
{-1.73472 $10^{-18}$,20},{0,20},{0,18.},{0,16.},{0,14.},
{0,12.},{0,10.},{0,8.},{0,6.},{0,4.},{0,2.},
{0,-1.73472 $10^{-18}$}}


```
Show[Graphics[{MakeGrid[gridPoints],
                Thickness[0.02],
    Line[Map[theTransform[#-{0,15},2.5]&,
                    fishPoints1]]}],
 AspectRatio->Automatic];
```

[付録2のための Mathematica プログラム]

```
dog:={{0,0},{3,0},{3,1},{4,1},{4,2},{3,2},{3,3},
               {2,2},{0,2},{0,0}};


DrawTransformedPoints[points_, matrix_] :=
     Show[Graphics[
              {
                      Thickness[0.015],
                      PointSize[0.03],

                      GrayLevel[0.75],
                      Map[Point, points],
                      Line[points],

                      GrayLevel[0],
                      Map[Point[(# . matrix)]&,
                                     points],
                      Line[Map[(# . matrix)&,
                                     points]]
              },
           plotRange->{{-6.2, 6.2},
                             {-6.2, 6.2}},
           Axes->Automatic,
           AspectRatio->Automatic
     ]];


DrawTransformedPoints[dog, {{-1,0},{0,1}}];
```

## 付録 2

7章でアンドリーナは1,0,-1だけでできているいろいろな行列で,犬がどう変形するのか調べようとしてあることに気がつきました。それは,1,0,-1だけでできている行列だけを調べても全部で81種類もある,ということです。どうしてだか,わかりますか?

$$\begin{pmatrix} A & B \\ C & D \end{pmatrix}$$

の$A$のところにまず注目しましょう。ここには1,0,-1のどれかが入るのですよ。つまり,3通りのやり方がある,っていうことです。そのうえで,今度は$B$に注目します。$B$にも1,0,-1のどれかが入るよね。つまり,3通りある,っていうこと。ここまでの$(A, B)$に入る数の組み合わせは全部でいくつになったかな? 数え上げてみましょう。

全部で$3 \times 3 = 9$,9通りになるはずです。同じように,$C$や$D$にも1,0,-1のどれかが入るから,1,0,-1だけでできている2×2の行列は全部で,

$$3 \times 3 \times 3 \times 3 = 81$$

81種類になることがわかります。この81種類の行列をつかうと,犬がどうなってしまうか,みんな興味ない? 付録1で,セオドアが作ってくれたプログラムを使えば,簡単に調べることができる。ここにその全部の絵を付録として付けておきます。本文を読んでいてイメージがわからなくなったとき,パターンを調べたいとき,ここを参考にしてみてくださいね。

$$\begin{pmatrix} 1 & 1 \\ 1 & x \end{pmatrix} \qquad \begin{pmatrix} 1 & 1 \\ 0 & x \end{pmatrix}$$

① $\begin{pmatrix} 1 & 1 \\ 1 & 1 \end{pmatrix}$
X'=X+Y
Y'=X+Y

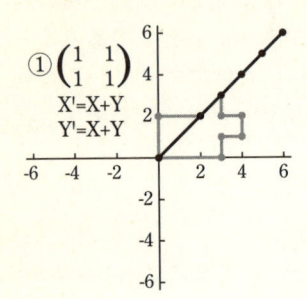

② $\begin{pmatrix} 1 & 1 \\ 1 & 0 \end{pmatrix}$
X'=X+Y
Y'=X

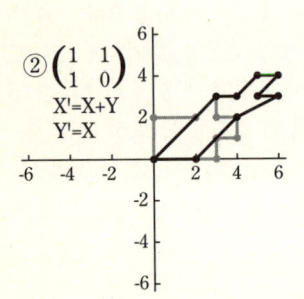

③ $\begin{pmatrix} 1 & 1 \\ 1 & -1 \end{pmatrix}$
X'=X+Y
Y'=X-Y

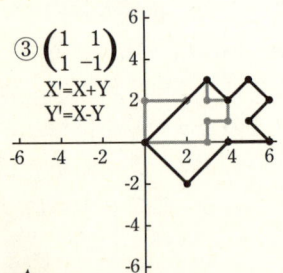

④ $\begin{pmatrix} 1 & 1 \\ 0 & 1 \end{pmatrix}$
X'=X
Y'=X+Y

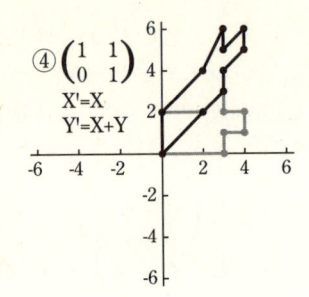

⑤ $\begin{pmatrix} 1 & 1 \\ 0 & 0 \end{pmatrix}$
X'=X
Y'=X

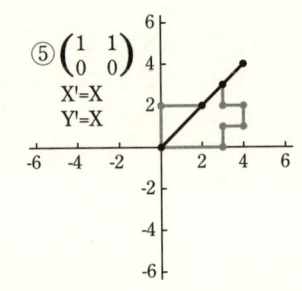

⑥ $\begin{pmatrix} 1 & 1 \\ 0 & -1 \end{pmatrix}$
X'=X
Y'=X-Y

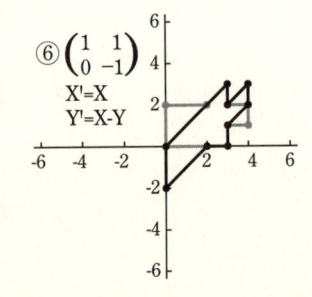

付録2

$$\begin{pmatrix} 1 & 1 \\ -1 & x \end{pmatrix} \qquad \begin{pmatrix} 1 & 0 \\ 1 & x \end{pmatrix}$$

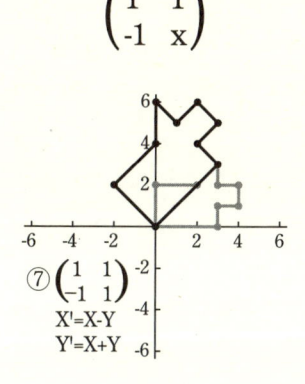

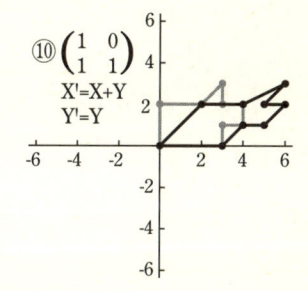

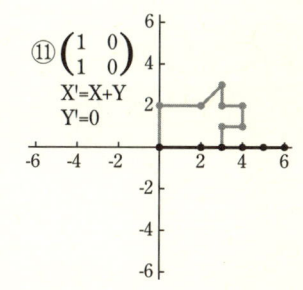

⑦ $\begin{pmatrix} 1 & 1 \\ -1 & 1 \end{pmatrix}$
X'=X-Y
Y'=X+Y

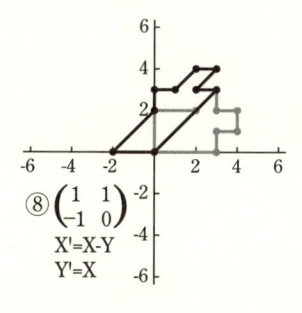

⑩ $\begin{pmatrix} 1 & 0 \\ 1 & 1 \end{pmatrix}$
X'=X+Y
Y'=Y

⑧ $\begin{pmatrix} 1 & 1 \\ -1 & 0 \end{pmatrix}$
X'=X-Y
Y'=X

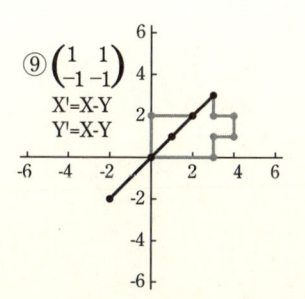

⑪ $\begin{pmatrix} 1 & 0 \\ 1 & 0 \end{pmatrix}$
X'=X+Y
Y'=0

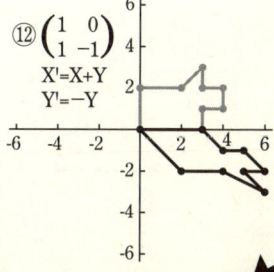

⑨ $\begin{pmatrix} 1 & 1 \\ -1 & -1 \end{pmatrix}$
X'=X-Y
Y'=X-Y

⑫ $\begin{pmatrix} 1 & 0 \\ 1 & -1 \end{pmatrix}$
X'=X+Y
Y'=−Y

$$\begin{pmatrix} 1 & 0 \\ 0 & x \end{pmatrix} \quad \Big| \quad \begin{pmatrix} 1 & 0 \\ -1 & x \end{pmatrix}$$

⑬ $\begin{pmatrix} 1 & 0 \\ 0 & 1 \end{pmatrix}$
X'=X
Y'=Y

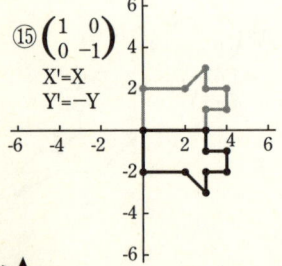

⑯ $\begin{pmatrix} 1 & 0 \\ -1 & 1 \end{pmatrix}$
X'=X-Y
Y'=Y

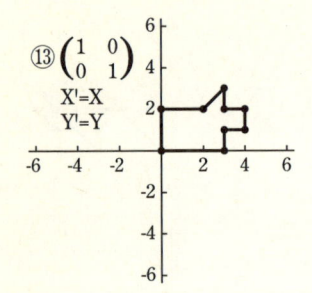

⑭ $\begin{pmatrix} 1 & 0 \\ 0 & 0 \end{pmatrix}$
X'=X
Y'=0

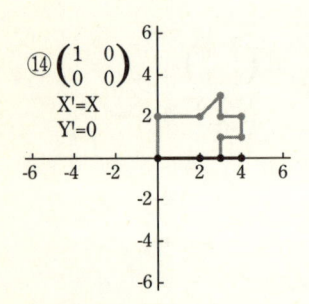

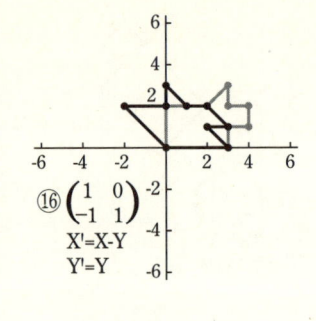

⑰ $\begin{pmatrix} 1 & 0 \\ -1 & 0 \end{pmatrix}$
X'=X-Y
Y'=0

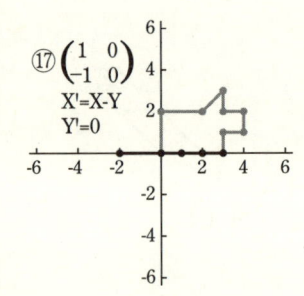

⑮ $\begin{pmatrix} 1 & 0 \\ 0 & -1 \end{pmatrix}$
X'=X
Y'=-Y

⑱ $\begin{pmatrix} 1 & 0 \\ -1 & -1 \end{pmatrix}$
X'=X-Y
Y'=-Y

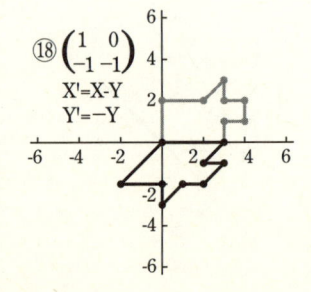

付録 2

$$\begin{pmatrix} 1 & -1 \\ 1 & x \end{pmatrix} \qquad \begin{pmatrix} 1 & -1 \\ 0 & x \end{pmatrix}$$

⑲ $\begin{pmatrix} 1 & -1 \\ 1 & 1 \end{pmatrix}$
X'=X+Y
Y'=−X+Y

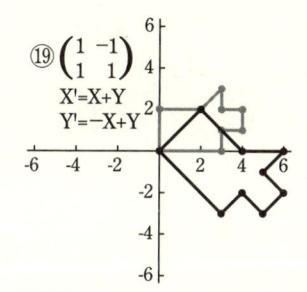

⑳ $\begin{pmatrix} 1 & -1 \\ 1 & 0 \end{pmatrix}$
X'=X+Y
Y'=−X

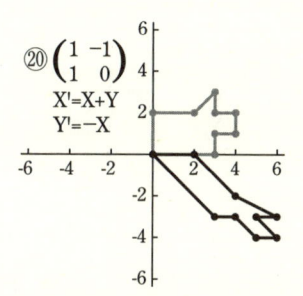

㉑ $\begin{pmatrix} 1 & -1 \\ 1 & -1 \end{pmatrix}$
X'=X+Y
Y'=−X−Y

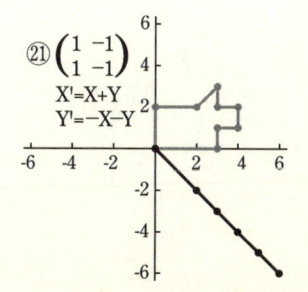

㉒ $\begin{pmatrix} 1 & -1 \\ 0 & 1 \end{pmatrix}$
X'=X
Y'=−X+Y

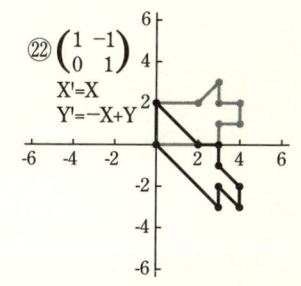

㉓ $\begin{pmatrix} 1 & -1 \\ 0 & 0 \end{pmatrix}$
X'=X
Y'=−X

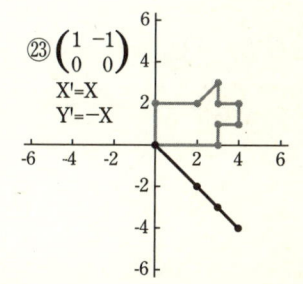

㉔ $\begin{pmatrix} 1 & -1 \\ 0 & -1 \end{pmatrix}$
X'=X
Y'=−X−Y

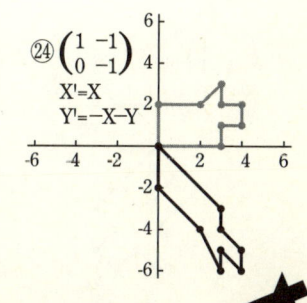

$$\begin{pmatrix} 1 & -1 \\ -1 & x \end{pmatrix} \qquad \begin{pmatrix} 0 & 1 \\ 1 & x \end{pmatrix}$$

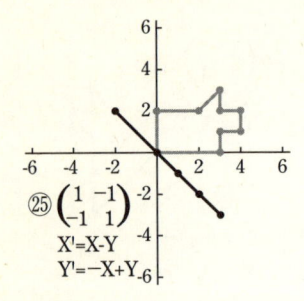

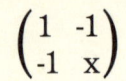

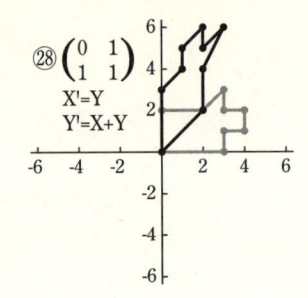

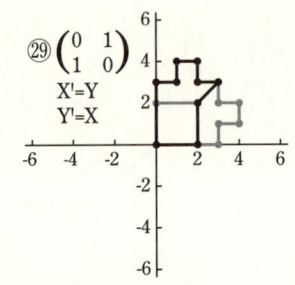

㉕ $\begin{pmatrix} 1 & -1 \\ -1 & 1 \end{pmatrix}$
$X'=X-Y$
$Y'=-X+Y$

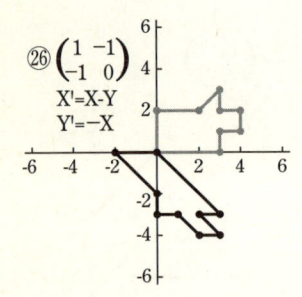

㉘ $\begin{pmatrix} 0 & 1 \\ 1 & 1 \end{pmatrix}$
$X'=Y$
$Y'=X+Y$

㉖ $\begin{pmatrix} 1 & -1 \\ -1 & 0 \end{pmatrix}$
$X'=X-Y$
$Y'=-X$

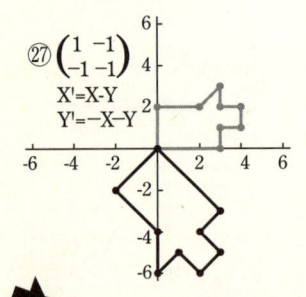

㉙ $\begin{pmatrix} 0 & 1 \\ 1 & 0 \end{pmatrix}$
$X'=Y$
$Y'=X$

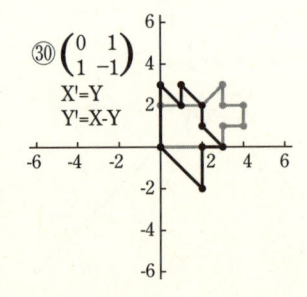

㉗ $\begin{pmatrix} 1 & -1 \\ -1 & -1 \end{pmatrix}$
$X'=X-Y$
$Y'=-X-Y$

㉚ $\begin{pmatrix} 0 & 1 \\ 1 & -1 \end{pmatrix}$
$X'=Y$
$Y'=X-Y$

付録 2

$$\begin{pmatrix} 0 & 1 \\ 0 & x \end{pmatrix} \quad\quad \begin{pmatrix} 0 & 1 \\ -1 & x \end{pmatrix}$$

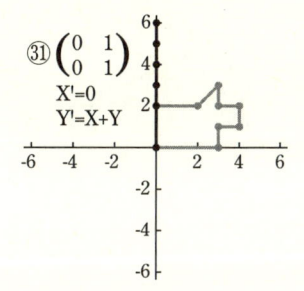

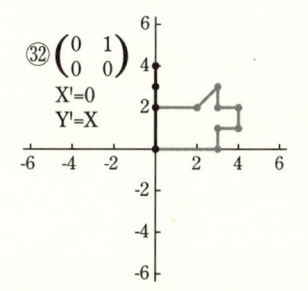

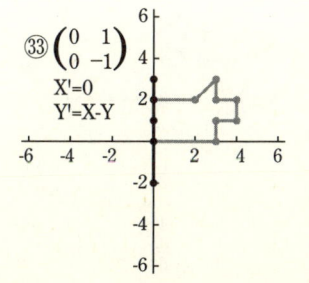

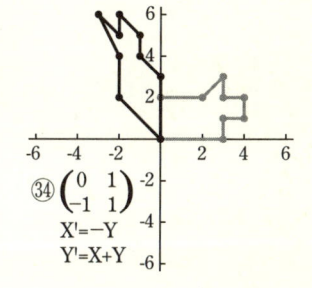

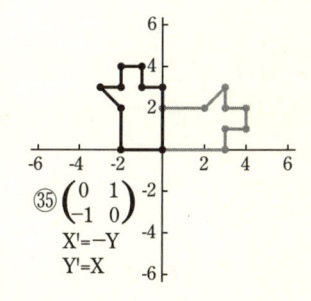

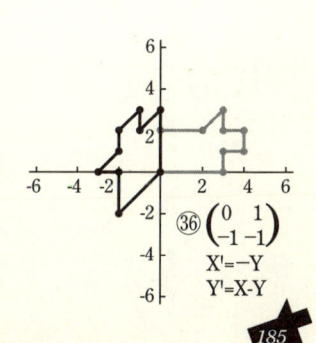

㉛ $\begin{pmatrix} 0 & 1 \\ 0 & 1 \end{pmatrix}$
X'=0
Y'=X+Y

㉞ $\begin{pmatrix} 0 & 1 \\ -1 & 1 \end{pmatrix}$
X'=−Y
Y'=X+Y

㉜ $\begin{pmatrix} 0 & 1 \\ 0 & 0 \end{pmatrix}$
X'=0
Y'=X

㉟ $\begin{pmatrix} 0 & 1 \\ -1 & 0 \end{pmatrix}$
X'=−Y
Y'=X

㉝ $\begin{pmatrix} 0 & 1 \\ 0 & -1 \end{pmatrix}$
X'=0
Y'=X−Y

㊱ $\begin{pmatrix} 0 & 1 \\ -1 & -1 \end{pmatrix}$
X'=−Y
Y'=X−Y

$$\begin{pmatrix} 0 & 0 \\ 1 & x \end{pmatrix}$$

㊲ $\begin{pmatrix} 0 & 0 \\ 1 & 1 \end{pmatrix}$

X'=Y
Y'=Y

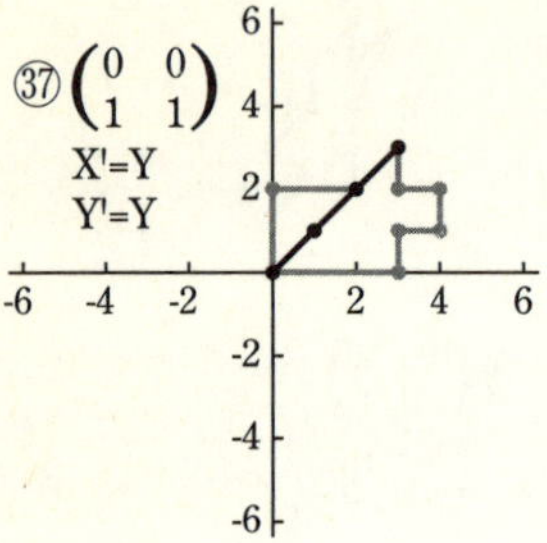


㊳ $\begin{pmatrix} 0 & 0 \\ 1 & 0 \end{pmatrix}$

X'=Y
Y'=0

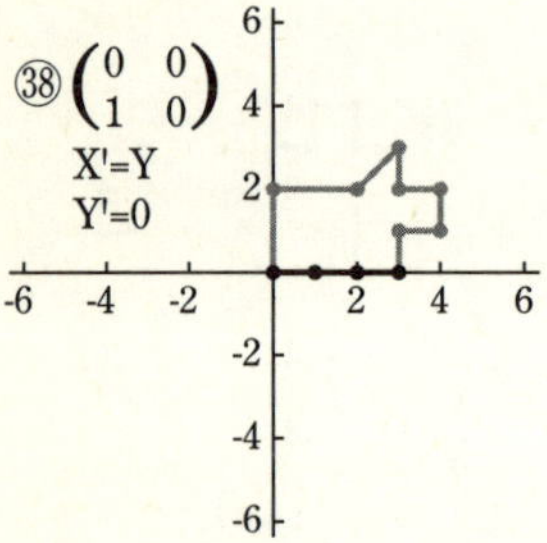


㊴ $\begin{pmatrix} 0 & 0 \\ 1 & -1 \end{pmatrix}$

X'=Y
Y'=−Y

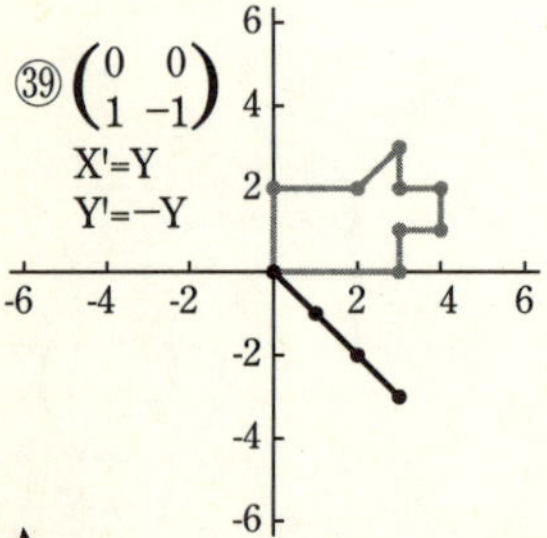


$$\begin{pmatrix} 0 & 0 \\ 0 & x \end{pmatrix}$$

㊵ $\begin{pmatrix} 0 & 0 \\ 0 & 1 \end{pmatrix}$

X'=0
Y'=Y

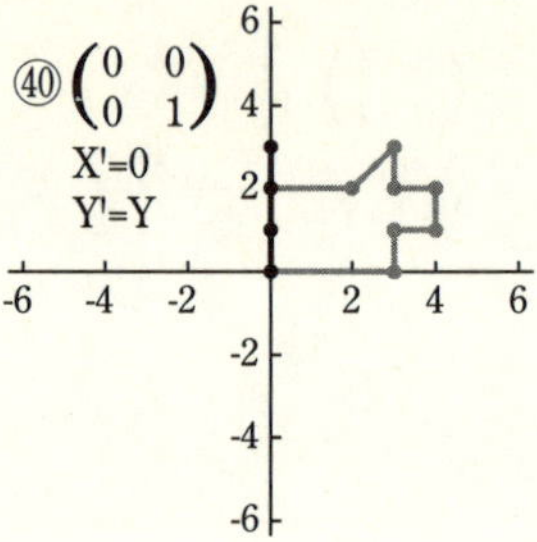


㊶ $\begin{pmatrix} 0 & 0 \\ 0 & 0 \end{pmatrix}$

X'=0
Y'=0

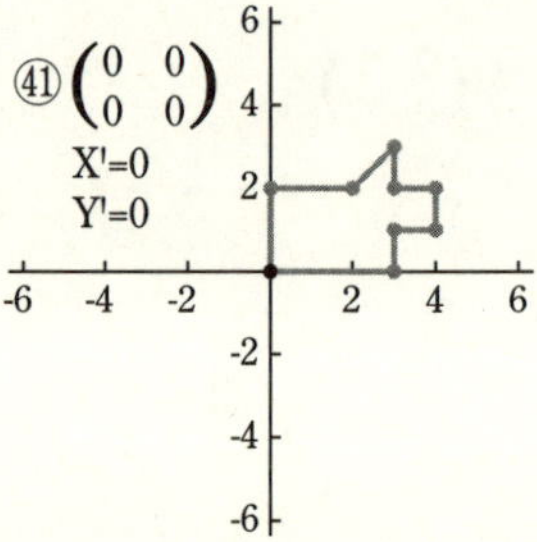


㊷ $\begin{pmatrix} 0 & 0 \\ 0 & -1 \end{pmatrix}$

X'=0
Y'=−Y

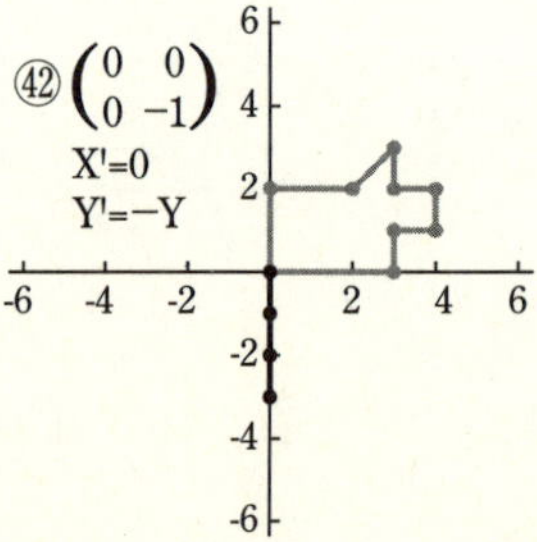

付録 2

$$\begin{pmatrix} 0 & 0 \\ -1 & x \end{pmatrix} \qquad \begin{pmatrix} 0 & -1 \\ 1 & x \end{pmatrix}$$

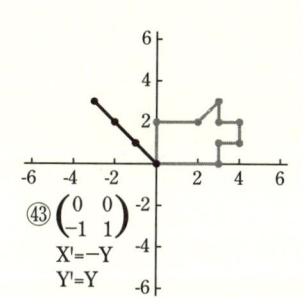

㊸ $\begin{pmatrix} 0 & 0 \\ -1 & 1 \end{pmatrix}$
X'=−Y
Y'=Y

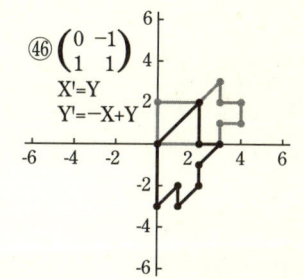

㊻ $\begin{pmatrix} 0 & -1 \\ 1 & 1 \end{pmatrix}$
X'=Y
Y'=−X+Y

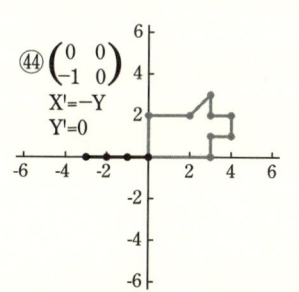

㊹ $\begin{pmatrix} 0 & 0 \\ -1 & 0 \end{pmatrix}$
X'=−Y
Y'=0

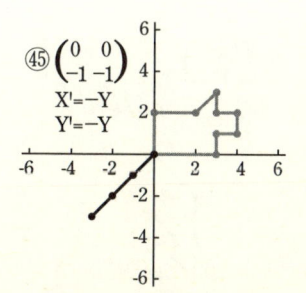

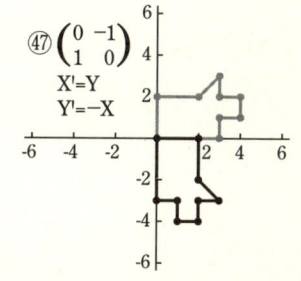

㊼ $\begin{pmatrix} 0 & -1 \\ 1 & 0 \end{pmatrix}$
X'=Y
Y'=−X

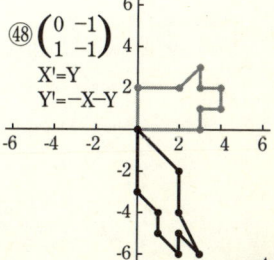

㊺ $\begin{pmatrix} 0 & 0 \\ -1 & -1 \end{pmatrix}$
X'=−Y
Y'=−Y

㊽ $\begin{pmatrix} 0 & -1 \\ 1 & -1 \end{pmatrix}$
X'=Y
Y'=−X−Y

$$\begin{pmatrix} 0 & -1 \\ 0 & x \end{pmatrix}$$

(49) $\begin{pmatrix} 0 & -1 \\ 0 & 1 \end{pmatrix}$

X'=0

Y'=−X+Y

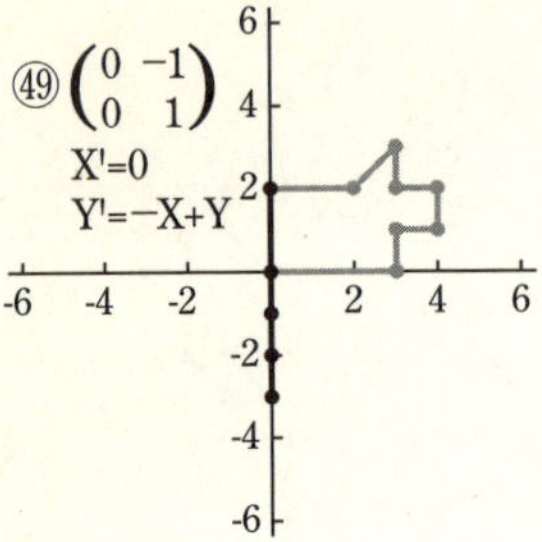

(50) $\begin{pmatrix} 0 & -1 \\ 0 & 0 \end{pmatrix}$

X'=0

Y'=−X

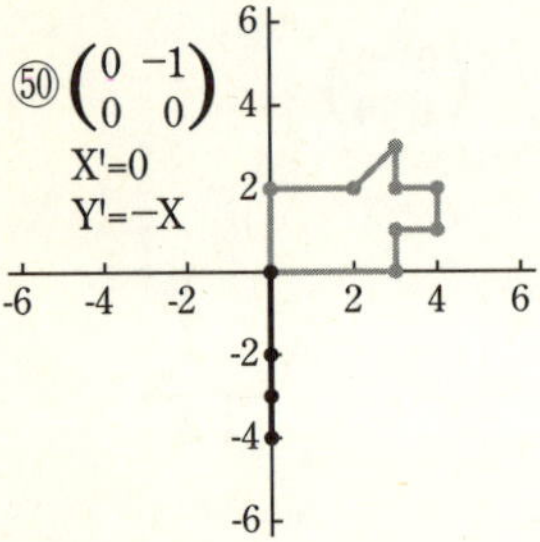

(51) $\begin{pmatrix} 0 & -1 \\ 0 & -1 \end{pmatrix}$

X'=0

Y'=−X−Y

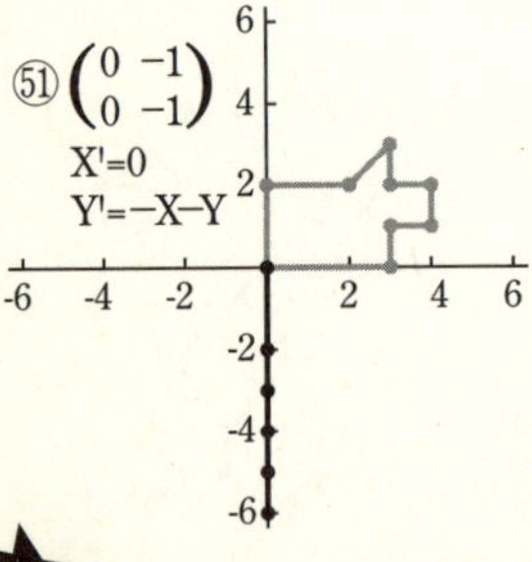

$$\begin{pmatrix} 0 & -1 \\ -1 & x \end{pmatrix}$$

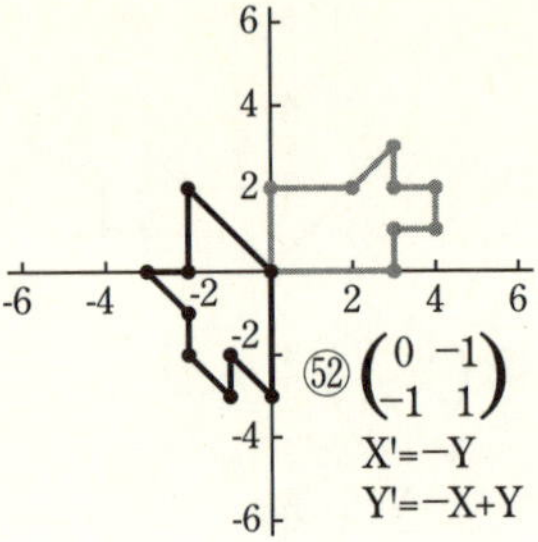

(52) $\begin{pmatrix} 0 & -1 \\ -1 & 1 \end{pmatrix}$

X'=−Y

Y'=−X+Y

(53) $\begin{pmatrix} 0 & -1 \\ -1 & 0 \end{pmatrix}$

X'=−Y

Y'=−X

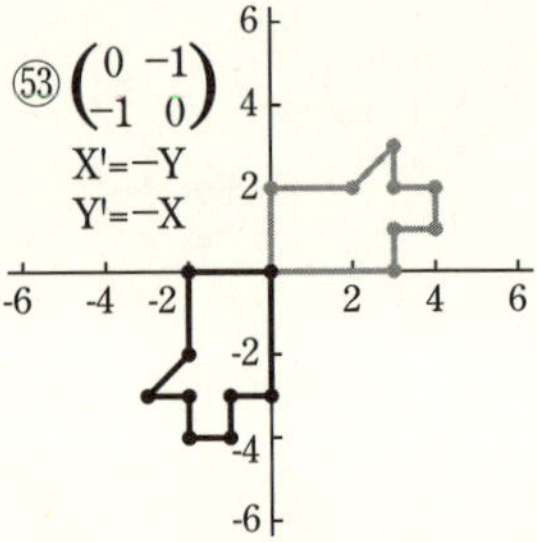

(54) $\begin{pmatrix} 0 & -1 \\ -1 & -1 \end{pmatrix}$

X'=−Y

Y'=−X−Y

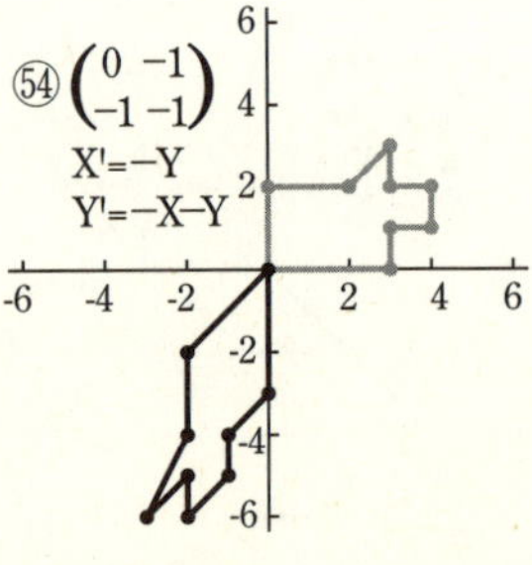

$$\begin{pmatrix} -1 & 1 \\ 1 & x \end{pmatrix}$$

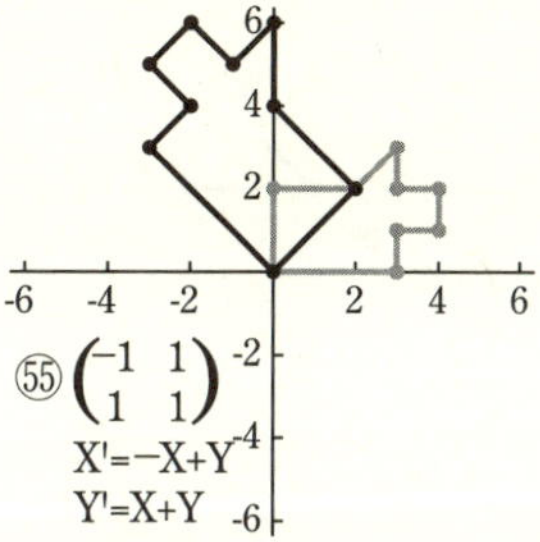

(55) $\begin{pmatrix} -1 & 1 \\ 1 & 1 \end{pmatrix}$
X'=−X+Y
Y'=X+Y

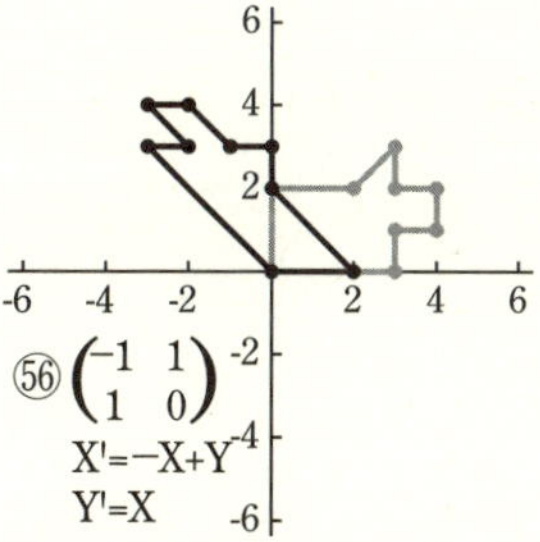

(56) $\begin{pmatrix} -1 & 1 \\ 1 & 0 \end{pmatrix}$
X'=−X+Y
Y'=X

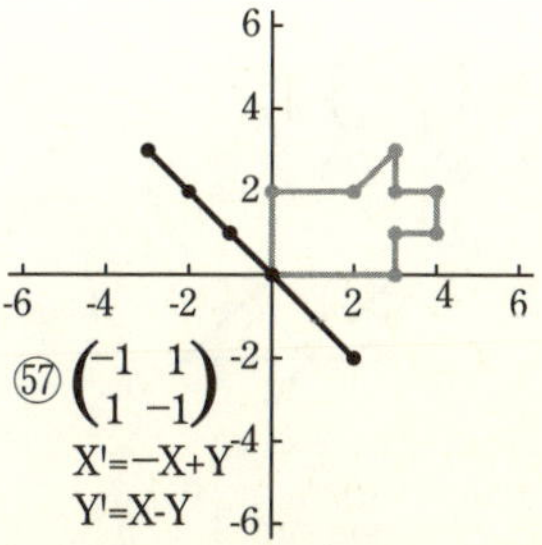

(57) $\begin{pmatrix} -1 & 1 \\ 1 & -1 \end{pmatrix}$
X'=−X+Y
Y'=X-Y

$$\begin{pmatrix} -1 & 1 \\ 0 & x \end{pmatrix}$$

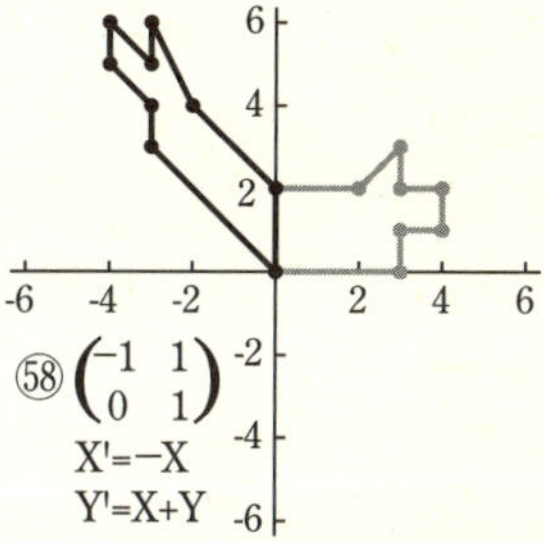

(58) $\begin{pmatrix} -1 & 1 \\ 0 & 1 \end{pmatrix}$
X'=−X
Y'=X+Y

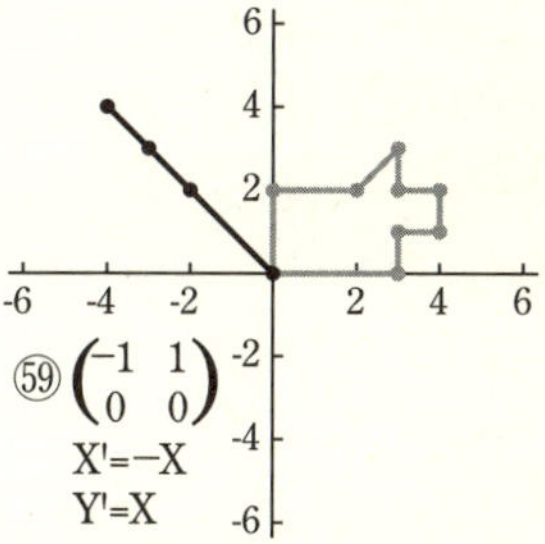

(59) $\begin{pmatrix} -1 & 1 \\ 0 & 0 \end{pmatrix}$
X'=−X
Y'=X

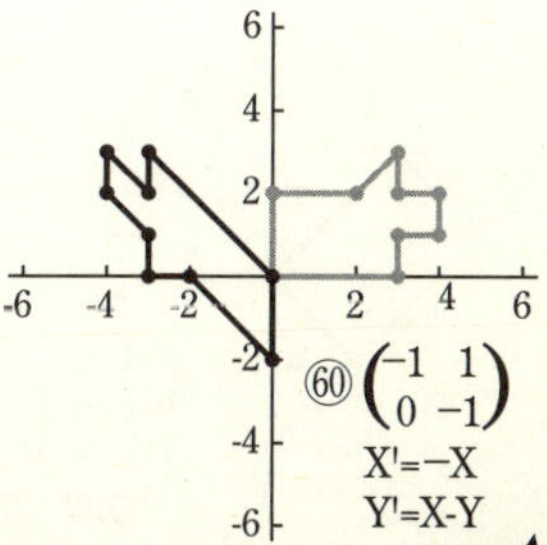

(60) $\begin{pmatrix} -1 & 1 \\ 0 & -1 \end{pmatrix}$
X'=−X
Y'=X-Y

$$\begin{pmatrix} -1 & 1 \\ -1 & x \end{pmatrix} \qquad \begin{pmatrix} -1 & 0 \\ 1 & x \end{pmatrix}$$

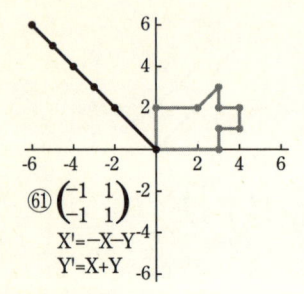

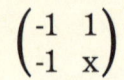

(61) $\begin{pmatrix} -1 & 1 \\ -1 & 1 \end{pmatrix}$
X'=−X−Y
Y'=X+Y

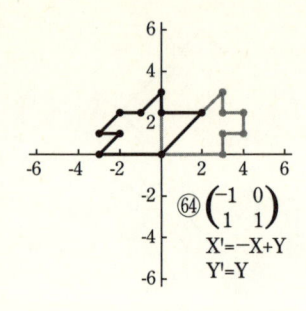

�64 $\begin{pmatrix} -1 & 0 \\ 1 & 1 \end{pmatrix}$
X'=−X+Y
Y'=Y

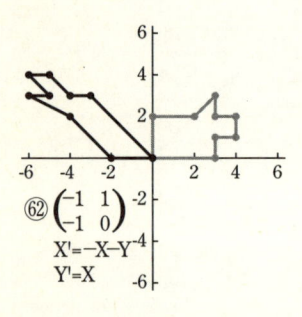

�62 $\begin{pmatrix} -1 & 1 \\ -1 & 0 \end{pmatrix}$
X'=−X−Y
Y'=X

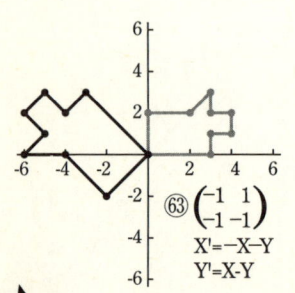

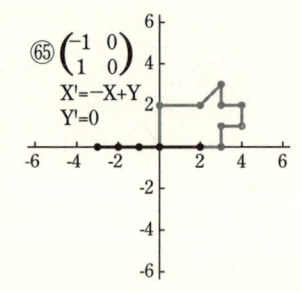

�65 $\begin{pmatrix} -1 & 0 \\ 1 & 0 \end{pmatrix}$
X'=−X+Y
Y'=0

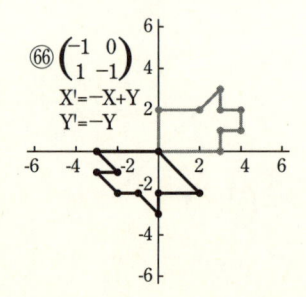

�63 $\begin{pmatrix} -1 & 1 \\ -1 & -1 \end{pmatrix}$
X'=−X−Y
Y'=X−Y

(66) $\begin{pmatrix} -1 & 0 \\ 1 & -1 \end{pmatrix}$
X'=−X+Y
Y'=−Y

付録 2

$$\begin{pmatrix} -1 & 0 \\ 0 & x \end{pmatrix} \qquad \begin{pmatrix} -1 & 0 \\ -1 & x \end{pmatrix}$$

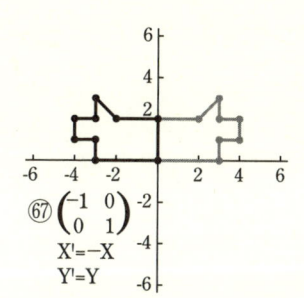

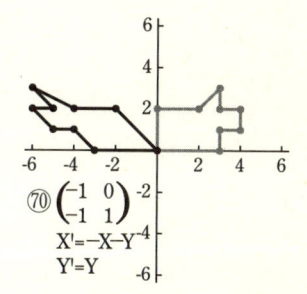

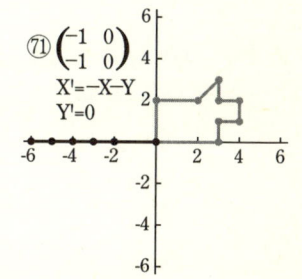

�667 $\begin{pmatrix} -1 & 0 \\ 0 & 1 \end{pmatrix}$
$X' = -X$
$Y' = Y$

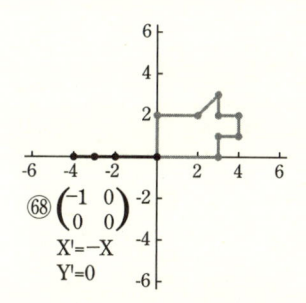

㊀70 $\begin{pmatrix} -1 & 0 \\ -1 & 1 \end{pmatrix}$
$X' = -X - Y$
$Y' = Y$

㊀68 $\begin{pmatrix} -1 & 0 \\ 0 & 0 \end{pmatrix}$
$X' = -X$
$Y' = 0$

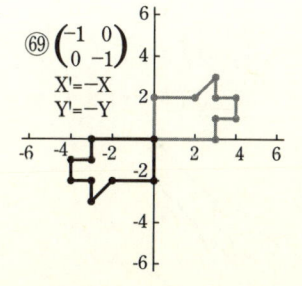

㊀71 $\begin{pmatrix} -1 & 0 \\ -1 & 0 \end{pmatrix}$
$X' = -X - Y$
$Y' = 0$

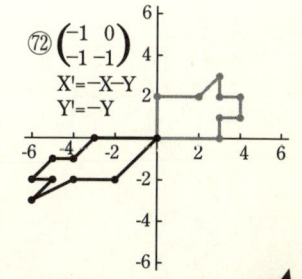

㊀69 $\begin{pmatrix} -1 & 0 \\ 0 & -1 \end{pmatrix}$
$X' = -X$
$Y' = -Y$

㊀72 $\begin{pmatrix} -1 & 0 \\ -1 & -1 \end{pmatrix}$
$X' = -X - Y$
$Y' = -Y$

$$\begin{pmatrix} -1 & -1 \\ 1 & x \end{pmatrix} \qquad \begin{pmatrix} -1 & -1 \\ 0 & x \end{pmatrix}$$

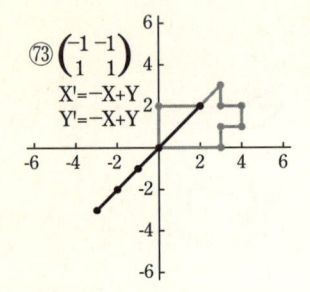

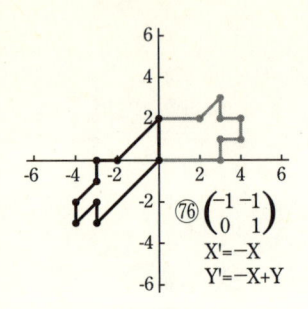

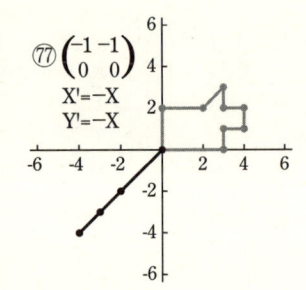

⑬ $\begin{pmatrix} -1 & -1 \\ 1 & 1 \end{pmatrix}$
$X' = -X + Y$
$Y' = -X + Y$

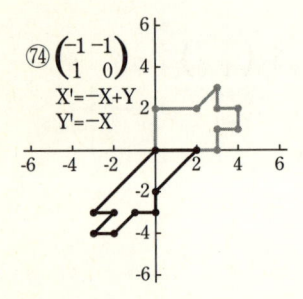

⑭ $\begin{pmatrix} -1 & -1 \\ 1 & 0 \end{pmatrix}$
$X' = -X + Y$
$Y' = -X$

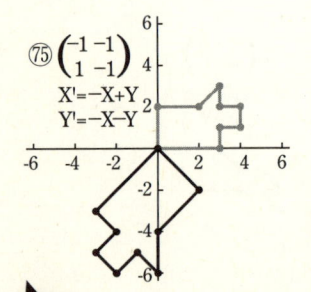

⑮ $\begin{pmatrix} -1 & -1 \\ 1 & -1 \end{pmatrix}$
$X' = -X + Y$
$Y' = -X - Y$

⑯ $\begin{pmatrix} -1 & -1 \\ 0 & 1 \end{pmatrix}$
$X' = -X$
$Y' = -X + Y$

⑰ $\begin{pmatrix} -1 & -1 \\ 0 & 0 \end{pmatrix}$
$X' = -X$
$Y' = -X$

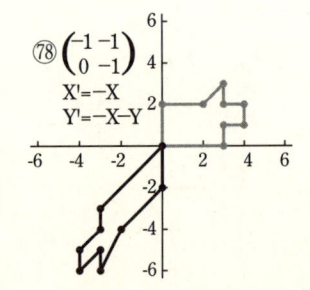

⑱ $\begin{pmatrix} -1 & -1 \\ 0 & -1 \end{pmatrix}$
$X' = -X$
$Y' = -X - Y$

付録 2

$$\begin{pmatrix} -1 & -1 \\ -1 & x \end{pmatrix}$$

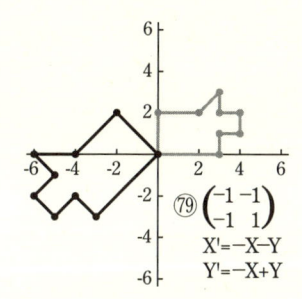

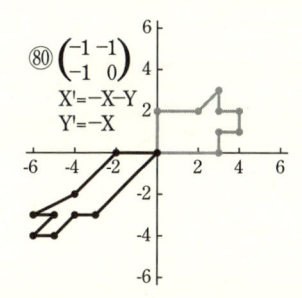

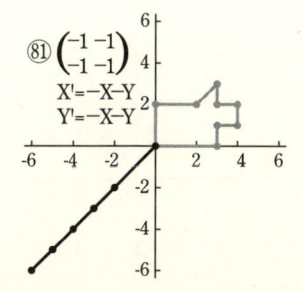

⑦⑨ $\begin{pmatrix} -1 & -1 \\ -1 & 1 \end{pmatrix}$
X'=−X−Y
Y'=−X+Y

⑧⓪ $\begin{pmatrix} -1 & -1 \\ -1 & 0 \end{pmatrix}$
X'=−X−Y
Y'=−X

⑧① $\begin{pmatrix} -1 & -1 \\ -1 & -1 \end{pmatrix}$
X'=−X−Y
Y'=−X−Y

193

### ●ホームページの紹介

　著者ドナルド・コーエンがインターネットでホームページを開設しています。ワークブックなど他の著書の紹介とともに、いくつか問題も解説しています。ぜひ挑戦してみてください。

　URL　　http://www.shout.net/~mathman/

　直接著者に質問したり意見や感想を送りたいときは下記宛てに英文で電子メールを送ってください。

　電子メールアドレス　　mathman@shout.net

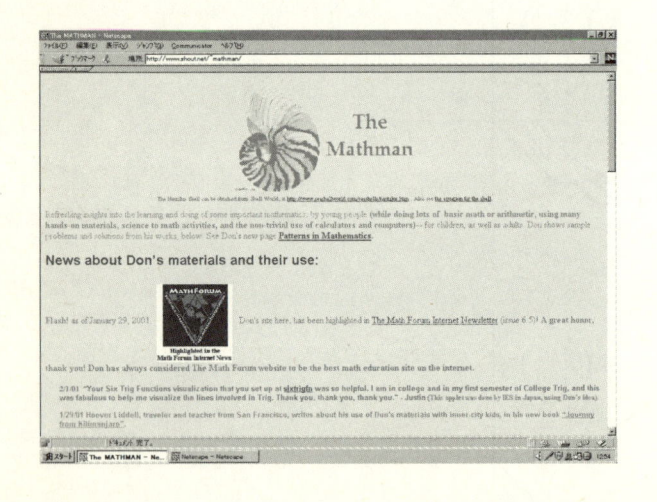

# さくいん

〈欧文・数字〉

BASIC　174
$i$　96
Mathematica　174
$x$ 軸　13
$y$ 軸　13
$\theta$　123
1 みたいな行列　74
2 乗　154
2×2 行列　35, 39, 64
3×3 行列　128

〈あ行〉

犬復元行列　68
円　120
演算　36
円周上　120
大きさ　47

〈か行〉

回転　62
回転行列　125
可換　36
可換法則　83
拡大　56
角度　70
かけ算　35, 83
影の犬　47
形　74

傾ける行列　146
関数　20
逆関数　23, 26, 28, 92
逆行列　106, 114, 162
行　31
行列　11, 31, 161
虚数　96
グラフ　12, 110, 119
結合法則　36, 65, 83
原点　14, 78, 115
交換法則　83
高校数学　11
交点　161
コサイン　120
碁盤模様　48

〈さ行〉

サイン　117
座標　14, 18
座標平面　14, 37
三角形　54
ジオボード　48, 61
象限　15, 70, 121
小数　120
図形の変化　38
正方形　54, 104
ゼロ元　36

〈た行〉

たし算　83

縦書き 85
単位元 36
直角三角形 154
つぶす 71, 104
デカルト平面 14, 29
時計と反対回りに90度回転させる行列 87

〈な・は行〉

長さ 70
ピタゴラスの定理 154, 157
微分積分 8
負 16
複素数 96
分数 16, 120
分配法則 83
平行移動 128
平行四辺形 54

ぺしゃんこ 100
変換 85
変形 40, 57
方向 74

〈ま行〉

マイナス 16
マス 133, 146
面積 47, 49, 54, 74, 104, 157

〈や・ら・わ行〉

ゆがんだグラフ用紙 144
横書き 85
横滑り 138
列 32
わり算 110

N.D.C.411　196p　18cm

ブルーバックス　B-1327

# アメリカ流 7歳からの行列
## 目で見てわかる！

2001年 4月20日　第1刷発行

| | |
|---|---|
| 著者 | ドナルド・コーエン |
| | 新井紀子（あらいのりこ） |
| 発行者 | 野間佐和子 |
| 発行所 | 株式会社講談社 |
| | 〒112-8001 東京都文京区音羽2-12-21 |
| 電話 | 出版部　03-5395-3524 |
| | 販売部　03-5395-3626 |
| | 製作部　03-5395-3615 |
| 印刷所 | (本文印刷) 凸版印刷株式会社 |
| | (カバー表紙印刷) 双美印刷株式会社 |
| 製本所 | 有限会社中澤製本所 |

定価はカバーに表示してあります。
Printed in Japan
落丁本・乱丁本は、小社書籍製作部宛にお送りください。送料小社負担にてお取替えします。なお、この本についてのお問い合わせは、科学図書出版部宛にお願いいたします。
本書の無断複写（コピー）は著作権法上での例外を除き、禁じられています。

ISBN4-06-257327-X(科)

## 発刊のことば ― 科学をあなたのポケットに

二十世紀最大の特色は、それが科学時代であるということです。科学は日に日に進歩を続け、止まるところを知りません。ひと昔前の夢物語もどんどん現実化しており、今やわれわれの生活のすべてが、科学によってゆり動かされているといっても過言ではないでしょう。

そのような背景を考えれば、学者や学生はもちろん、産業人も、セールスマンも、ジャーナリストも、家庭の主婦も、みんなが科学を知らなければ、時代の流れに逆らうことになるでしょう。

ブルーバックス発刊の意義と必然性はそこにあります。このシリーズは、読む人に科学的に物を考える習慣と、科学的に物を見る目を養っていただくことを最大の目標にしています。そのためには単に原理や法則の解説に終始するのではなくて、政治や経済など、社会科学や人文科学にも関連させて、広い視野から問題を追究していきます。科学はむずかしいという先入観を改める表現と構成、それも類書にないブルーバックスの特色であると信じます。

一九六三年九月

野間省一

## ブルーバックス数学関係書(Ⅰ)

| 番号 | 書名 | 著者 |
|---|---|---|
| 7 | 新数学勉強法 | 遠山 啓 |
| 35 | 計画の科学 | 加藤 昭吉 |
| 109 | 確率の世界 | 国沢 清典ほか |
| 116 | 推計学のすすめ | D・ハフ/国沢清典訳 |
| 120 | 統計でウソをつく法 | 佐藤 信 |
| 177 | ゼロから無限へ | C・ボグラー/芹沢正三訳 |
| 217 | ゲームの理論入門 | M・M・柳谷・丸山訳 |
| 297 | 複雑さに挑む科学 | 岩崎秀雄 |
| 307 | パズル数学入門 | 藤村幸三郎 |
| 312 | 非ユークリッド幾何の世界 | 寺阪英孝 |
| 325 | 現代数学小事典 | 寺阪英孝編 |
| 395 | 数学質問箱 | 田村三郎 |
| 408 | 暗号の数理 | 一松 信 |
| 421 | ゆらぎの世界 | 武者利光 |
| 442 | 数学ぎらいをなくす本 | 柴田敏男 |
| 478 | 微積分に強くなる | 船田・岡部 |
| 531 | 数学迷答集 | 鈴木義一郎 |
| 602 | 数学迷答集 | 鈴木義一郎 |
| 653 | カオスとフラクタル | 山口昌哉 |
| 662 | 勝つためのゲームの理論 | 西山賢一 |
| 716 | 数学ぎらいの診察室 | 岡部恒治 |
| 722 | マンガ・数学小事典 | 岡部恒治 |
| 737 | 統計グラフの賢い見方・作り方 | 上田尚一 |
| 776 | 解ければ算数100の難問・奇問 | 中村義作 |
| 797 | 円周率πの不思議 | 堀場芳数 |
| 823 | コンピュータ速算100のテクニック | 中村和幸 |
| | 数学にどんどん強くなる | |

| 824 | 解ければ算数100の難問・奇問 2 | 中村義作 |
| 833 | 虚数iの不思議 | 堀場芳数 |
| 845 | 数学・まだこんなことがわからない | 吉永良正 |
| 868 | 対数eの不思議 | 堀場芳数 |
| 889 | 数学パズル・20の解法 | 中村義作 |
| 904 | パソコンで挑む円周率 | 大野栄一 |
| 908 | 数学パズルランド | 小島寛之編 |
| 926 | 数学トリック"だまされまいぞ!" | 仲田紀夫 |
| 945 | 原因をさぐる統計学 | 柳井晴夫ほか |
| 960 | 無限のなかの数学 | 志賀浩二 |
| 964 | 確率でみる人生 | 仲田紀夫 |
| 965 | 新しい応用数学入門(上) | 鈴木義一郎 |
| 978 | 新しい応用数学入門(下) | 宮崎忠 |
| 988 | ゲーデルの不完全性定理 | C・ボンディ/松坂訳 |
| 989 | 論理パズル101 | デル・マガジンズ社編/小野田博一訳 |
| 990 | 数学を築いた天才たち(上) | S・ホリングデール/岡部恒治他訳 |
| 993 | 数学を築いた天才たち(下) | S・ホリングデール/岡部恒治他訳 |
| 1003 | 数学トリック=スポーツ編 | 仲田紀夫 |
| 1007 | マンガ 微分積分入門 | 藤岡文世絵 |
| 1013 | 秋山仁の遊びからつくる数学 | 秋山仁 |
| 1028 | 知って得する生活数学 | 豊田秀樹 |
| 1030 | 業数の不思議 違いを見ぬく統計学 | 根秀樹 |
| 1031 | 文科系に生かす微積分 パズルで挑戦!―IQ150への道 | 小林道正 |

| 1037 | 道具としての微分方程式 | 斎藤恭一 |
| 1040 | 数学パズル・パンドラの箱 | 吉田稔/飯野絵 |
| 1041 | 木村良夫 | 木村良夫 |
| 1046 | 解ける日本の算法 | 中村義作 |
| 1051 | 統計手法による経営学 | 鈴木義一郎 |
| 1054 | 数学オリンピック問題にみる現代数学 | 小島寛之 |
| 1062 | 算数オリンピックに挑戦 | 雅孝司編 |
| 1071 | 角θの不思議 | 堀場芳数 |
| 1076 | フェルマーの大定理が解けた! | 足立恒雄 |
| 1083 | トポロジーの発想 | 川久保勝夫 |
| 1103 | カオスで挑む金融市場 | 倉都康行 |
| 1106 | 脳を鍛える数理パズル | 芦ヶ原伸之/D・ウェル/大野栄一訳 |
| 1115 | 数学用語小辞典 | K・シグムンド/大野栄一訳 |
| 1120 | 見えない生命をつかまえる | 清水義範 |
| 1141 | 非ヨーロッパ起源の数学 | G・G・ジョセフ/大野栄一監訳 |
| 1145 | マンガ 幾何入門 | 藤岡文世絵 |
| 1172 | オックスフォード数学ミニ辞典 | C・クラパム/大野栄一訳 |
| 1193 | データ分析 はじめの一歩 | 清水誠 |
| 1198 | どこまで解ける西洋の算法 | 中村義作 |
| 1201 | パソコンで楽々統計学 | M・ウォードロップ/香取眞理訳 |
| 1203 | 自然にひそむ数学 | 佐藤修一 |
| 1208 | 複雑系を解く確率モデル | 新村秀一 |
| 1224 | 現代統計学小事典 | 鈴木義一郎 |
| 1235 | アメリカ流・7歳からの微分積分 | D・コーエン/三谷訳 |
| 1243 | 孫子の兵法の数学モデル | 木下栄蔵 |
| | 孫子の兵法の数学モデル 実践篇 高校数学とっておき勉強法 | 鍵本聡 |

## ブルーバックス数学関係書（II）

- 1250 パソコンらくらく数学　新村秀一
- 1278 無限のパラドクス　足立恒雄
- 1283 推測統計 はじめの一歩　清水誠
- 1286 Excelで学ぶ金融市場予測の科学　保江邦夫
- 1288 算数オリンピックに挑戦 '95～'99年度版　算数オリンピック委員会編
- 1289 代数を図形で解く　阿邊惠一
- 1303 折る紙の数学　渡部勝
- 1312 マンガ おはなし数学史　仲田紀夫原作 佐々木ケン漫画
- 1319 変化をさぐる統計学　土金達男
- 1322 ポアンカレの贈り物　永瀬みや 雨宮男子
- 1325 金鉱を掘り当てる統計学　豊田秀樹